普通高等教育"十三五"规划教材

建筑环境学辅导与习题

张亚平　郝政红　主编

北　京
冶 金 工 业 出 版 社
2019

内 容 提 要

本书是针对“建筑环境学”课程教学的主要内容编写的辅导教材。内容包括绪论、建筑外环境、建筑热湿环境、人体对热湿环境的反应、室内空气品质、室内空气环境营造的理论基础、建筑声环境、建筑光环境。每章包括大纲要求，主要考点、知识点及难点解析，本章习题，参考答案（除思考题外）。

本书可作为土木工程、建筑环境与能源应用工程、环境工程、市政工程、水利工程等专业的教学参考用书，也可供研究生、注册工程师考试以及自学考试和远程教学使用，还可供相关专业工程技术人员参考。

图书在版编目(CIP)数据

建筑环境学辅导与习题/张亚平，郝改红主编．—北京：冶金工业出版社，2019. 1

普通高等教育“十三五”规划教材

ISBN 978-7-5024-7947-3

Ⅰ. ①建…　Ⅱ. ①张…　②郝…　Ⅲ. ①建筑学—环境科学—高等学校—教材　Ⅳ. ①TU-023

中国版本图书馆 CIP 数据核字（2018）第 261438 号

出 版 人　谭学余
地　　址　北京市东城区嵩祝院北巷 39 号　邮编　100009　电话　(010)64027926
网　　址　www.cnmip.com.cn　电子信箱　yjcbs@ cnmip. com. cn
责任编辑　杨　敏　美术编辑　吕欣童　版式设计　孙跃红
责任校对　郑　娟　责任印制　牛晓波
ISBN 978-7-5024-7947-3
冶金工业出版社出版发行；各地新华书店经销；三河市双峰印刷装订有限公司印刷
2019 年 1 月第 1 版，2019 年 1 月第 1 次印刷
148mm×210mm；4. 125 印张；122 千字；125 页
19. 00 元

冶金工业出版社　投稿电话　(010)64027932　投稿信箱　tougao@cnmip. com. cn
冶金工业出版社营销中心　电话　(010)64044283　传真　(010)64027893
冶金工业出版社天猫旗舰店　yjgycbs. tmall. com
（本书如有印装质量问题，本社营销中心负责退换）

前　言

随着社会、经济、科技的高速发展，建筑环境学的内容与人们的生活息息相关，建筑环境学的舒适、健康、节能的理念在暖通空调系统设计得以体现。“建筑环境学”是建筑环境与能源应用工程专业的一门主干专业基础课，并已作为专业重组后反映学科专业特色的重要基础课程，是建筑环境与能源应用工程专业的学科发展、专业建设和课程体系的立足点。近年来人们对室内环境的抱怨和批评逐渐增加，人们开始追求人工环境中的自然环境，这对室内暖通空调的系统设计提出了更高要求。在环保与节能的总趋势下，创造更接近于自然环境的人工环境是建筑环境与能源应用工程专业面临的新任务，而培养学生掌握新时代建筑环境的内涵，分析、评价、控制建筑环境的方法，树立良好的绿色环保和生态人居环境理念，是本课程的重要任务。掌握建筑环境的形成、环境特性的影响因素、主客观环境的分析和评价方法，是学习建筑环境学的关键。

由于建筑环境学涉及建筑外环境、热湿环境、空气环境、光环境和声环境，属于一门跨学科的边缘性科学，涉及学科内容广泛，知识点庞杂琐碎，作为一门新兴的课程，目前相配套的辅导资料和习题较少。同时建筑环境学在人环大赛、注册设备工程师考试和研究生入学考试中已经占据了相当的比重。本书是为“建筑环境学”课程编写的配套辅导材料，以各环境形成的机理、特性、评价为主线阐述各环境知识点，以注重实际工程应用和例题分析、紧扣教学大纲为指导思想。本书共8章，每章主要包括教学大纲要求，主要内容难点分析和主要知识点汇总，习题和配套答案。

本书主要由西安科技大学的张亚平和郝改红老师编写完成，其中研究生王裴、郭咏晰、陈瑶等完成了大量的资料收集和整理工作。在本书编写过程中，得到了编者所在院校的各位同事的大力支持，本专业相关院校的老师也对本书的编写提出了很多宝贵意见，在此谨向所有关心和支持本书编写的老师、同事、研究生表示真挚的谢意；本书参阅了有关文献，在此向文献作者表示感谢。

由于“建筑环境学”是一门新的重要的学科基础课，涉及面广、体系新，加之编者学识和经验有限，书中可能存在疏漏和不妥之处，恳请读者在使用过程中将发现的纰漏、错误以及建议及时反馈给编者，以完善本书，提高本书的质量，编者不胜感谢。

编　者

2018年7月

目　录

第一章　绪　　论

扫码做题

一、大纲要求

（1）熟悉建筑与环境的关系；

（2）掌握建筑环境学发展中存在的主要问题。

二、主要考点、知识点及难点解析

（1）建筑环境学的主要内容：外环境、室内空气环境、热湿环境、光环境、声环境；

（2）建筑环境的内涵；

（3）建筑环境与相邻学科的关系；

（4）病态建筑综合症。

三、本章习题

1. 选择题

（1）目前人们希望建筑物能够满足的要求不包括（　　）。

A 安全性　　B 功能性　　C 舒适性　　D 经济性

（2）下列对于热带地区常有的拱顶和穹顶建筑的优点叙述中，（　　）是错误的。

A 室内高度有所增加，可使热空气聚集在远离人体的位置。

B 拱顶和穹顶建筑是为了建筑的美观需要屋顶的表面积有所增加。

C 室内的辐射强度有所减少。

D 一部分屋顶处于阴影区，可以吸收室内部分热量。

2. 思考题

（1）描述你所了解的建筑环境学，并对其发展前景发表自己的观点。

(2) 说明建筑环境工程师与建筑师对建筑环境关注的不同点。

(3) 阐述建筑环境与设备工程设计在整个建筑设计中的作用，并说明与相邻专业的关联。

(4) 建筑环境设计理念的演绎过程一般可分为哪几个阶段？请说明各阶段发展的诱因、特征及其设计理念等。

(5) 当今建筑环境主要解决的问题有哪些？

四、参考答案

1. 选择题

(1)：D；(2)：B

第二章　建筑外环境

扫码做题

一、大纲要求

（1）熟悉建筑外环境的影响因素；

（2）掌握影响地面附近气温的因素；

（3）掌握影响建筑能耗的主要因素。

二、主要考点、知识点及难点解析

主要讲述影响室内环境的几个外扰因素：太阳辐射、气温、湿度、风、降水。

1. 描述地球与太阳相对位置的几个角度

d、h、A、β、Φ

2. 大气层对太阳辐射的吸收原理

（1）大气层对太阳辐射的散射、反射与吸收。

1）反射：被云层反射到空间。

2）散射：天空中的各种气体分子、尘埃、微小水柱。

3）吸收：氧、臭氧、CO_2 与水吸收。

到达地面的太阳辐射由两部分组成：直接辐射、散射辐射。

（2）大气层对太阳辐射的影响程度及影响参数。大气对太阳辐射的削弱程度取决于射线在大气中射程的长短与大气质量。

3. 几个概念

（1）微气候：指离地 30~120cm 高度范围内，在建筑物周围地面上及屋面、墙角、窗台等特定地点的风、阳光、辐射、气温与温度条件。

（2）室外气温：指距地面1.5m高、背阴处的空气温度。

（3）湿度：指空气中水蒸气的含量，以绝对湿度和相对湿度来表示。

（4）风：指由于大气压所引起的大气水平方向的运动。地表增湿不同是引起大气压的主要原因。

（5）最低日照标准：冬至日最底层住宅内满窗日照时间不少于1h。

4. 影响地面附近气温的因素

（1）入射到地面上的太阳辐射热量起决定作用。温度的日变化及四季变化、随纬度的变化都是由太阳辐射的热量变化引起的。

（2）地面的覆盖面，如草原森林等不同的地形及地面覆盖面对太阳辐射的吸收和反射本身温度变化的性质均不同，所以地面的增温也不同。

（3）大气的对流作用。无论水平方向还是垂直方向的空气流动都会使两地的空气进行混合，减少两地的气温差别。

气温升降的主要原因：空气与地表的热交换量是引起气温变化的主要原因。

5. 城市气候特点

城市气候的主要特点如下：

（1）城市下垫面粗糙，热容量和蓄热能力比郊区大，储存水分的能力比郊区大，蒸发沸腾作用比郊区小，城市的平均风速小。

（2）气温较高，形成热岛现象。

（3）城市中的云量，特别是低云量比郊区多，大气透明度低，大气总辐射照度也比郊区弱。

6. 城市热岛效应

由于自然对流的作用，在地面以上一定高度内形成了一个温度随高度上升的稳定的“逆温层”，使污染物处于低温区域，妨碍了污染物向上部的扩散，加剧了城市的污染程度。“逆温层”的影响范围与热岛强度有关，在大城市可达 500m 高，小城市约为 50m。

三、本章习题

1. 填空题

（1）最低的日照标准指的是__________。在我国一般民用住宅设计规范中，要求冬至日的满窗日照时间__________。

（2）到达地面的太阳辐射主要由__________和__________两部分组成。

（3）微气候是指离地__________高度范围内，在某些特定地点的气候条件。

（4）室外气温一般是指__________的空气温度。

（5）到达地面的太阳辐射照度大小取决于__________及__________。

（6）太阳照射到非透明的围护结构外表面时，会有部分被吸收，吸收率的多少与__________和__________有关。

（7）云量指的是__________。云量为 6 指的是__________。

（8）北半球太阳高度角在全年最小为__________，纬度越高，需要日照间距__________。

（9）根据《城市居住区规划设计规范》（GB 50180）的规定，在我国一般民用住宅中，部分地区要求冬至日的满窗日照时间__________，部分地区要求大寒日的满窗日照时间__________。

（10）真太阳时是当地太阳位于正南向的瞬时为正午__________时的计时方式。地方平均太阳时是以__________来计算一天的时间的计时方式。

（11）一个地区的气候状况是许多因素综合作用的结果。与建筑物密切相关的室外气候因素为：__________。

（12）地球上某一点看到的太阳方向（太阳位置）可以用__________

________和________两个角度表示；而这两个角度可以用________、________和________三个参数来表示。

（13）气温的日较差是指________________。

（14）在气象台上，一般以所测距地面________高处的风向和风速作为当地风的观察数据。

（15）气温升降的直接原因是________________。

（16）晴天相对湿度的最高值出现在________，此时气温最______。

（17）大气对太阳辐射强度影响的程度取决于太阳在大气中________和________________。

（18）城市气候的特点表现为：________________、________________、________________。

（19）我国建筑热工设计分为五个分区：________、寒冷地区、________、夏热冬暖地区和________。

（20）大气边界层的厚度主要取决于地表的________。

（21）太阳辐射的波长主要由________和________转化热能。

（22）在太阳光谱中，造成热效果的主要因素是________线。

（23）风玫瑰图给出关于地区风的信息是________________和________________。

2. 名词解释

（1）微气候；

（2）室外气温；

（3）湿度；

（4）风；

（5）霜洞效应；

（6）太阳高度角；

（7）太阳常数；

（8）太阳辐射照度；

（9）风洞效应；

（10）城市热岛；

（11）有效天空温度。

3. 选择题

（1）为防止采暖建筑外围护结构内部冬季产生冷凝，以下几项措施中哪一项是错误的？（　　）

A 在围护结构内设排汽通道通向室外

B 将水蒸气渗透系数大的材料放在靠近室外一侧

C 将隔汽层设在靠近室外一侧

D 将隔汽层放在保温材料层内侧

（2）在进行外围护结构的隔热设计时，室外热作用应该选择（　　）。

A 室外空气温度　　B 室外综合温度

C 太阳辐射的当量温度　　D 最热月室外空气的最高温度

（3）下列哪一个因素与太阳辐射等效温度无关（　　）。

A 朝向　　B 材料对太阳辐射的吸收率

C 太阳辐射强度　　D 室外空气温度

（4）在建筑日照设计中，由下列哪一组因素可计算出太阳高度角？（　　）

A 地理经度、墙体方位角、时角

B 赤纬角、时角、墙体方位角

C 赤纬角、时角、地理纬度

D 地理经度、时角、赤纬角

（5）在组织自然通风时，下列哪一种建筑群的布局最不利于自然通风？（　　）

A 错列式　　B 周边式　　C 斜列式　　D 自由式

（6）下面颜色的波长对比哪个正确？（　　）

A 红>蓝>绿　　B 蓝>红>绿

C 红>绿>蓝　　D 蓝>绿>红

（7）在采暖居住建筑节能设计中，要求下列哪一个参数应该满足规范的要求？（　　）

A 围护结构的总热阻　　B 建筑物的耗热量指标

C 围护结构的热惰性指标　　D 围护结构的结构热阻

（8）在采暖居住建筑节能设计中，围护结构平均传热系数的限值是按哪一个参数确定的？（　　）

A 最小总热阻　　B 采暖期室外平均温度

C 最冷月室外平均温度　　D 采暖期室外最低温度

（9）计算低温热水地板辐射采暖的热负荷时，将室内温度取值降低2℃，是因为（　　）。

A 低温热水地板辐射采暖用于全面采暖时，在相同热舒适条件下的室内温度可比对流采暖时的室内温度低2~3℃

B 地板辐射采暖效率高

C 地板辐射采暖散热面积大

D 地板辐射采暖水温低

（10）从节能角度，采暖建筑的朝向宜为（　　）。

A 东西向　　B 南北向

C 面向冬季主导风向　　D 西南东北向

（11）从节能角度讲，采暖建筑主要房间应布置在（　　）。

A 下风侧　B 上风侧　C 向阳面　D 底层

（12）从节约采暖能耗角度而言，建筑物的体形系数，即建筑物与室外大气接触的表面积与其所包围的体积之比（　　）。

A 不宜太大　B 不宜太小　C 越大越好　D 大小无关

（13）地下室的温度是（　　）。

A 春天最低　　B 冬天最低

C 冬天比夏天低　　D 夏天最高

（14）不同传热系数和遮阳系数的外窗作为公共建筑围护结构时，更适合于严寒地区外窗的为哪项？（　　）

A 传热系数小且遮阳系数大　　B 传热系数大且遮阳系数小

C 传热系数小且遮阳系数小　　D 传热系数大且遮阳系数大

（15）在建筑日照设计中，由下列哪一组因素可计算出太阳高度角？（　　）

A 地理经度、墙体方位角、时角

B 赤纬角、时角、墙体方位角

C 赤纬角、时角、地理纬度

D 地理经度、时角、赤纬角

（16）在北方地区用玻璃封闭了南向阳台会使房间（ ）。

A 冬天变暖，夏天变凉　　B 冬天变凉，夏天变暖

C 冬、夏均变暖　　D 冬、夏均变凉

（17）室外空气温度升降的原因是（ ）。

A 空气在白天接受太阳辐射而升温，夜间向天空进行长波辐射而降温

B 空气因与地面传热而白天升温、夜间降温

C 空气在白天接受太阳辐射而升温，夜间则由于海陆风导致降温

D 由于日、夜风的流向不同而导致空气温度变化

（18）为什么中午 12 点太阳辐射最强，但室外空气温度却是下午 2~3 时最高？（ ）

A 由于大气长波辐射和地面反射辐射的作用，导致空气气温延迟

B 由于地面有热惯性，因此导致气温升温延迟

C 因为大气层体积很大，存在很大的热惯性

D 受大气环流的影响，高温气流的到来会有一些延迟

（19）晴天清晨树叶最容易结霜，原因是（ ）。

A 空气的温度下降低于露点温度

B 空气的温度下降达到露点温度

C 树叶表面的温度下降低于湿球温度

D 树叶表面的温度下降低于露点温度

（20）太阳辐射中主要的能量集中在（ ）。

A 可见光　　B 红外线及长波辐射

C 可见光与近红外线　　D 可见光与长波辐射

（21）我国北方的四合院有：北房、东厢房、西厢房、南房，其窗户和门分别朝向南、西、东、北，请问哪个房间室内环境质量最好？（ ）

A 北房，夏季太阳晒得少，冬季晒得多

B 南房，窗口朝北，采光好，太阳晒在南墙上热效果好

C 东厢房，日照充分

D 西厢房，冬季早晨最冷的时候有太阳晒

（22）太阳中心与地球中心与地球赤道平面的夹角，称为（ ）。

A 赤纬 B 时角 C 太阳高度角 D 太阳方位角

（23）下列的叙述，（ ）不是属于太阳的短波辐射。

A 天空和云层的散射

B 混凝土对太阳辐射的反射

C 水面、玻璃对太阳辐射的反射

D 建筑物之间通常传递的辐射能

（24）避免或减弱热岛现象的措施，描述错误的是（ ）。

A 在城市中增加水面设置扩大绿化面积

B 采用方形、圆形城市面积的设计

C 多采用带形城市设计

（25）太阳与地球赤道平面的夹角称为（ ）。

A 公转角 B 太阳方位角

C 太阳高度角 D 赤纬

（26）大气透明度一般取（ ）。

A 0.85~0.95 B 0.75~0.85

C 0.65~0.75 D 0.55~0.65

4. 判断题

（1）地表温增不同引是起大气压力差的主要原因，也是风形成的主要成因。（ ）

（2）一天中气温的最高值通常出现在太阳高度角最大的时刻。（ ）

（3）一日内气温的最高值和最低值之差称气温的日较差。（ ）

（4）冬季晴朗的夜晚时的有效天空温度比夏天多云的夜晚时的有效天空温度高。（ ）

（5）到达地面的太阳辐射强度的大小与太阳光线的行进路程及大气质量有关。（ ）

（6）相对湿度的日变化趋势与气温的日变化趋势相同。（ ）

（7）我国的《民用建筑热工设计规范》（GB 50176）从建筑热工设计的角度出发，将全国建筑热工设计分为五个分区，其中郑州属于夏热冬冷地区。（　　）

（8）严寒地区的建筑物必须充分满足冬季保温要求，同时也必须考虑夏季防热要求。（　　）

（9）夏季忽略夜间辐射对空调冷负荷的计算是不利的。（　　）

5. 问答题

（1）影响地面附近气温的因素有哪些？

（2）城市气候的主要特点是什么？

（3）试说明城市热岛的成因。

（4）水体和植被对热岛现象起什么作用，作用机理是什么？

（5）建筑群内风场对小区热环境的影响如何？

（6）晴朗夏季的凌晨，树叶表面容易结露，为什么？而晴朗冬季的夜晚，放在室外的自行车座表面易结露，而把自行车放置于有顶的车棚下则不会，为什么？

（7）室外地表气温的升降主要取决于什么，影响的主要因素是什么？

（8）是空气温度改变导致地面温度改变，还是地面温度改变导致空气温度改变，为什么？

（9）为什么我国北方住宅严格遵守坐南朝北的原则，而南方（尤其是华南地区）住宅并不严格遵守此原则？

（10）CO_2 作为温室气体是如何影响大气温度的？

（11）采用低反射率的下垫面对城市热岛有不好的影响。如果住宅小区采用高反射率的地面铺装是否能够改善住区微气候，为什么？

6. 计算题

（1）某建筑物东墙吸收系数 0.80，11 时室外计算温度为 25℃，东墙太阳辐射照度为 $300W/m^2$，墙体外表面和室外空气的换热系数为 $18.6W/(m^2 \cdot ℃)$。

1）忽略有效辐射，计算 11 时作用于东墙的室外综合温度。

2）假设太阳辐射照度在白天为一定值，室内温度要求不高于 28℃，室外温度为何值时，东墙的得热量为 0。

（2）哈尔滨某建筑物屋顶吸收系数 $p=0.80$，西墙 $p=0.80$，夏季 14 时的室外计算温度为 30℃，屋面太阳辐射照度为 $800W/m^2$，西墙为 $350W/m^2$，墙体外表面和室外空气的换热系数为 $w=18.6W/(m^2 \cdot ℃)$。如果忽略围护结构与天空和周围物体之间的长波辐射，试计算该时刻作用于屋顶和西墙的室外综合温度。如果屋面和墙体的外表面温度均为 28℃，计算其各自的单位面积得热量。

7. 思考题

（1）分析“霜洞”现象的形成。

（2）分析导致热量衰减和延迟的原因。

（3）从节能角度分析，在相同面积的情况下，正方形平面与长方形平面何者有利？

（4）分析大气层对太阳辐射的吸收过程。

（5）分析建筑的外型配置（平面体形、高度、朝向、间距）与日照的关系。

（6）采暖房间的密闭程度（气密程度）对卫生保健、经济、能源消耗等方面各有什么影响？

（7）《民用建筑热工设计规范》把我国分为哪几个气候区，分区主要依据包括哪些指标？每个气候分区建筑热工设计时各要达到什么要求？

（8）在建筑结构的设计中，如何降低建筑能耗？

四、参考答案

1. 填空题

（1）冬至日低层住宅得到的日照时间；不低于 1 小时。

（2）直射辐射；散射辐射。

（3）30~120cm。
（4）距地面 1.5m 高、背阴处。
（5）地球对太阳的相对位置；大气透明度。
（6）围护结构外表面的粗糙度；围护结构外面的颜色。
（7）将天空分成 10 份，被云遮盖的份数；天空有 6/10 被云遮盖。
（8）冬至；越大。
（9）不低于 1 小时；不低于 2 小时。
（10）12；太阳通过当地的子午线时为正午 12 点。
（11）大气压力、风、降水、空气温湿度、低温、有效天空温度等。
（12）太阳高度角；太阳方位角；赤纬；时角；地理纬度。
（13）一天当中，气温的最高值和最低值之差。
（14）10m。
（15）地面与空气的热量交换。
（16）黎明前后；低。
（17）行程长短；大气层质量。
（18）气温较高、太阳总辐射减弱、城区平均风速减小。
（19）严寒地区、夏热冬冷地区、温和地区。
（20）粗糙度。
（21）红外线；可见光波段。
（22）红外。
（23）风向频率分布；风速频率分布。

2. 名词解释

（1）微气候：指离地 30~120cm 高度范围内，在建筑物周围地面上及屋面、墙角、窗台等特定地点的风、阳光、辐射、气温与温度条件。
（2）室外气温：指距地面 1.5m 高、背阴处的空气温度。
（3）湿度：指空气中水蒸气的含量，以绝对湿度和相对湿度来表示。
（4）风：指由于大气压所引起的大气水平方向的运动。地表增湿不同是引起大气压的主要原因。
（5）霜洞效应：洼地冷空气聚集造成气温低于地面上的空气温度。

(6) 太阳高度角：太阳光线与水平面间的夹角。

(7) 太阳常数：指太阳与地球之间为年平均距离时，地球大气层上边界处，垂直于阳光射线的表面上，单位面积单位时间内来自太阳的辐射能量。$I_0=1353W/m^2$。

(8) 太阳辐射照度：$1m^2$ 黑体表面在太阳辐射下所获得的辐射能通量，单位 W/m^2。

(9) 风洞效应：一些高层建筑群中，与冬季主导风向一致的峡谷或过街楼内会产生高速气流运动，俗称“风洞效应”。

(10) 城市热岛：城市中心温度高于郊区温度，市内各区温度分布也不一样，如果绘制出等温曲线，就会看到与岛屿的等高线极为相似，这种气温分布现象称为城市热岛。

(11) 有效天空温度：当阳光透出大气层到达地面的途中，其中一部分（大约10%）被大气中的水蒸气和二氧化碳所吸收，同时它们还吸收来自地面的反射辐射，使之具有一定的温度，因而会向地面进行长波辐射，此时的大气温度用有效天空温度表示。有效天空温度与气温、大气中的水汽含量、云量以及地表温度等因素有关，大致在230~285K之间。

3. 选择题

(1)~(5)：C B D C B；(6)~(10)：A B B A B；(11)~(15)：C A A A C；(16)~(20)：A A B D C；(21)~(26)：A A D B D C

4. 判断题

(1)~(5)：√ × √ × √；(6)~(9)：× × × ×

5. 问答题

问答题（1）：1）入射到地面上的太阳辐射热量起决定作用。温度的日变化及四季变化、随纬度的变化都是由太阳辐射的热量变化引起的。

2）地面的覆盖面，如草原森林等不同的地形及地面覆盖面对太阳辐射的吸收和反射本身温度变化的性质均不同，所以地面的增温也不同。

3）大气的对流作用。无论水平方向还是垂直方向的空气流动都会使两地的空气进行混合，减少两地的气温差别。

问答题（2）：1）城市下垫面粗糙，热容量和蓄热能力比郊区大，储存水分的能力比郊区大，蒸发沸腾作用比郊区小，城市的平均风速小。

2）气温较高，形成热岛现象。

3）城市中的云量，特别是低云量比郊区多，大气透明度低，大气总辐射照度也比郊区弱。

问答题（3）：1）城市下垫面改变了原有的自然状态，形成了以水泥、沥青、砖石、金属板和陶瓦为主的密实坚硬、干燥的下垫面。其对太阳辐射的反射率和地面的长波辐射都比郊区低，使得空气温度增加。

2）城市建筑群增多、密集、增高，导致下垫面粗糙度增加，使得城区空气的水平流速减小，使得空气对流换热小，温度增加。

3）城市人员活动如采暖燃烧污染、空调放热、汽车排放的热量和炊事燃烧放热等，使得城市空气温度增加。

4）城市的团状布局也使得城市热岛强度增加，如果是条状布局，则会使热岛强度减弱。

问答题（4）：1）由于城市地面覆盖物多，发热体多，加上密集的城市人口的生活和生产中产生大量的人为热，造成城市中心的温度高于郊区温度，且室内各区的温度分布也不一样。如果绘制出等温曲线，就会看到与岛屿的等高线极为相似，人们把这种气温分布的现象称为“热岛现象”。而水体和植被具有调节城市局部气候的作用，如净化空气、减少噪声，对城市“热岛现象”有一定的缓解作用。

2）机理：水体的比热容大，温度较高时，气体潜热带走一部分地面辐射热，有效地降低温度，植被蒸腾作用较强，也能有效带走部分热量，此外，植被的光合作用能吸收 CO_2，放出 O_2，杀菌并能吸收粉尘，有效地抑制了温室效应进而降低温度，也就有效地抑制了热岛效应。

问答题（5）：由于建筑物遮挡作用，造成夏季自然通风不良；

冬季高速风场增加建筑物冷风渗透，造成采暖热负荷增加；

室外高速风影响人员行动及热舒适；

风速太低导致污染物及热量不易散发；

建筑群内出现旋风区域，容易集聚落叶、废纸、塑料袋等废弃物。

问答题（6）：在晴朗的夏季凌晨，因为无云，有效天空温度比有云时要低，天气越晴朗，空气中的水蒸气含量越少，则夜间有效天空温度越低。因此，夜间室外物体朝向天空的表面会向天空辐射散热，当其表面温度达到周围空气的露点时，就会有结露出现。由于树叶表面湿度大于无生命的物体，且树叶体积小而更易于被冷却，在温度低的时候很容易达到露点而使空气结露，这就是为什么凌晨室外一些朝上的表面，如树叶表面会结露的原因。

晴朗冬季的夜晚时，室外的自行车座表面向较低的有效天空温度进行辐射散热，而自行车放在车棚里后，由于车棚的阻挡作用，使自行车车座向较低的有效天空温度散热变为向车棚的内表面温度进行辐射散热，减少了自行车车座表面向外界的辐射散热量，使自行车车座表面温度不至于降到0℃以下，所以置于车棚下的自行车表面不易结露。

问答题（7）：地面与空气的热量交换是气温升降的主要原因，它主要靠吸收地面长波辐射（波长在3~120μm）而升温，而直接接受太阳辐射的增温是非常微弱的。

影响的主要因素有：①入射到地面上的太阳辐射热量，它起决定性作用；②地面覆盖的影响（如草地、森林、沙漠和河流及地形的变化）；③大气对流的强弱快慢的影响。

问答题（8）：是地面温度改变导致空气温度变化。由于大气层对太阳的短波辐射的吸收能力几乎为零，因此太阳辐射未影响到气温。而受到太阳辐射的地面温度受到了改变，地面产生的长波辐射会被空气所吸收，同时空气与地面还进行着对流换热，通过两种换热方式，地面的温度作用于空气的温度。

问答题（9）：我国分为严寒、寒冷、夏热冬冷和暖和地区，居住建筑一般总是希望夏季免日晒，而冬季又能获得较多光照，我国北方多是严寒和寒冷地区，建筑设计时，必须充分满足冬季保暖要求，部分地区兼顾夏季防热，北部地区坐北朝南能够达到充分利用阳光日照采暖，能够减少建筑的采暖负荷，减少建筑采暖能耗，所以，我国北方住宅严格遵守坐北朝南的原则，而南方地区必须满足夏季防晒要求适当兼顾冬季保暖，所以南方住宅可以不遵守此原则。

问答题（10）：太阳辐射中长波红外线被大气中 CO_2 吸收，且 CO_2 吸收地面的长波辐射。

问答题（11）：其效果不是很好，由于城市建筑的密集，植被少采用高反射率的地面铺装，虽然减少了地面对辐射的吸收，但其反射出去的辐射仍会被建筑群所吸收，另外，由于逆温层的存在，其可能会导致空气温度的升高，从而不利于住区微气候的改善。

6. 计算题

计算题（1）：

1）室外空气综合温度为 t_z，不考虑围护结构外表面与天空和周围物体之间的长波辐射时

$$t_z = t_{air} + \frac{\rho I}{\alpha_w}$$

将数据带入得 $t_z = 37.9℃$。

2）建筑物外表面的得热量公式：$q = \alpha(t_z - t_w)$。

由此可知，若使墙体的得热量为 0，则应使 $t_z = t_w = 28℃$。

由公式知：$t_{air} = t_z - \dfrac{\rho I}{\alpha_w} = 28 - \dfrac{0.8 \times 300}{18.6} = 15.1℃$

计算题（2）：

室外空气综合温度为：$t_z = t_{air} + \dfrac{\rho I}{\alpha_{out}} - \dfrac{Q_{lw}}{\alpha_{out}}$

由于忽略长波辐射，所以 $Q_{lw} = 0W/(m^2 \cdot K)$。

则屋顶的室外空气综合温度为：$t_z = t_{air} + \dfrac{\rho I}{\alpha_{out}} = 64.4℃$

则西墙的室外空气综合温度为：$t_z = t_{air} + \dfrac{\rho I}{\alpha_{out}} = 45.5℃$

屋顶的单位面积的得热量：$Q = \alpha_w(t_z - t_a) = 18.6 \times (64.4 - 28)$

$= 677.04\text{W/m}^2$

西墙的单位面积得热量为：$Q = \alpha_w(t_z - t_a) = 18.6 \times (45.5 - 28)$

$= 325.5\text{W/m}^2$

第三章　建筑热湿环境

扫码做题

一、大纲要求

（1）熟悉影响建筑热湿环境的形成原理；

（2）掌握室内热湿环境与各种内外扰因素之间的关系；

（3）掌握室内热湿传递的机理、得热量与冷负荷之间的关系。

二、主要考点知识点及难点解析

1. 室内热湿环境的形成及其受到的影响

主要包括两部分：

（1）外扰因素：室外气候参数（室外空气温、湿度，风速，太阳辐射，风向变化及邻室的空气温、湿度）。通过围护结构的传热、传湿、空气渗透使热量与湿量进入室内。

（2）内扰因素：室内设备、照明、人体等。

室内湿热的传递作用形式：对流质交换（对流换热）、导热（水蒸气渗透）和辐射。

2. 室外空气综合温度

综合表达了室外空气温度、太阳辐射、围护结构外表面与天空和周围物体之间的长波辐射等因素的一个综合热作用。

3. 由于围护结构存在热惯性、热惰性，所以有以下结论：

（1）低谷和高峰都有延迟。

（2）重型墙比轻型墙蓄热能力大，热容量大滞后长。

（3）内表面温度是导热、对流、辐射和蓄热综合作用的结果。

4. 得热量与热负荷的关系

（1）温度波幅的衰减；时间的延迟。

（2）当室外温度有所变化时，围护结构外表面、围护结构本身各部位和内表面的温度变化比室外空气温度的变化时间上有所滞后。距外墙外表面距离越远，滞后的时间就越长。

（3）围护结构的热容量愈大，滞后的时间就愈长，波幅的衰减就愈大。

墙体的传热量与温度对外扰的响应如图 3-1 所示。

5. 湿传递

计算步骤：

在稳定条件下从围护结构内表面算起。

（1）计算第 n 层材料层外表面的温度。

（2）由计算出的温度查表对应出第 n 层材料层的饱和压力。

（3）计算在稳定条件下从围护结构内表面算起，第 n 层材料层外表面的水蒸气压力。

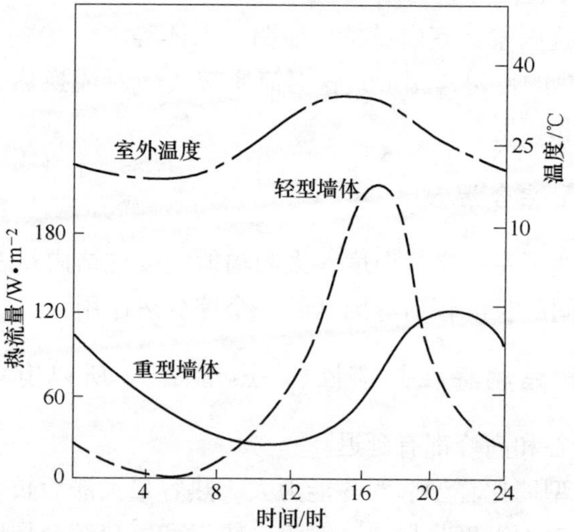

(a)

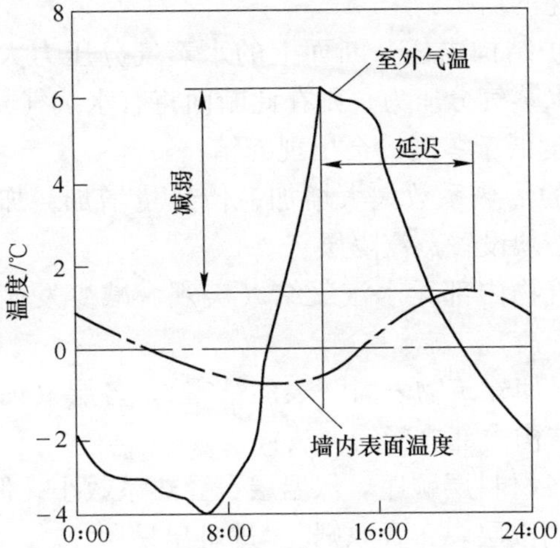

(b)

图 3-1　墙体的传热量与温度对外扰的响应

（a）墙体得热与外扰之间的关系；（b）墙体内表面温度与外温的关系

（4）如图 3-2 作出饱和水蒸气压力和实际水蒸气压力曲线。对比饱和水蒸气压力和实际水蒸气压力。

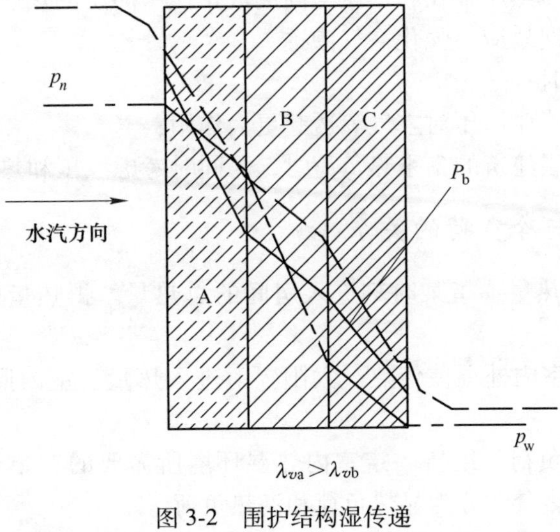

图 3-2　围护结构湿传递

发生湿传递的后果：

（1）若围护结构内任一断面上的水蒸气分压力大于该断面温度所相应的饱和水蒸气分压力，则在此断面将有水蒸气凝结；

（2）若温度低于零度，会出现冻结；

（3）结构的传热系数大大增加，传热量增加，加剧了围护结构的损坏，所以必须设置蒸汽隔层。

目的：建筑物内部无水汽凝结（美观、减少发病率、降低采暖费、延长建筑寿命）。

检验方法：使建筑物表面（表面结露）、各层（内部结露）。

消除围护结构内部冷凝的方法：

（1）调整各材料层顺序。保温层：导热系数小，但渗透系数大。

（2）设置隔汽层。布置原则："进难出易"。

（水汽侧）内—隔汽层—保温层—外

（3）设置通风间层或泄汽沟道。

6. 对比冬季有无采暖房间热负荷的影响因素

有采暖时：

温差大→热压存在→热压与高度成正比→高层的热压更明显→热压形成的烟囱效应会强化空气渗透。

无采暖时：

热压可能比风压对空气渗透起更大作用；

考虑高层建筑的冬季热负荷时，需同时考虑风压和热压的作用。

7. 得热量与冷负荷的关系

（1）得热量：指某时刻进入房间的总热量。得热量的组成见图3-3。

来源：室内外温差传热、太阳辐射进入热量、室内照明、人员、设备散热等。

（2）热负荷：维持一定室内热湿环境所需要的在单位时间内向室内加入的热量。分为显热负荷和潜热负荷。

（3）冷负荷：为了连续保持室温恒定，在某时刻需向房间供应

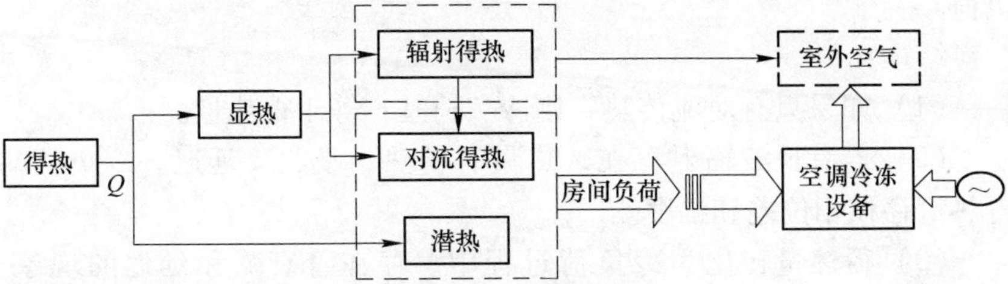

图 3-3　得热量的组成

的冷量，或需从室内除去的热量。

（4）瞬时冷负荷：瞬时得热中，以对流方式传递的显热，潜热部分，直接放散到房间空气中，立刻构成房间瞬时冷负荷。

（5）滞后冷负荷：显热中的辐射成分不能立即转化为冷负荷。

（6）瞬时得热与瞬时冷负荷的关系如图 3-4 所示。

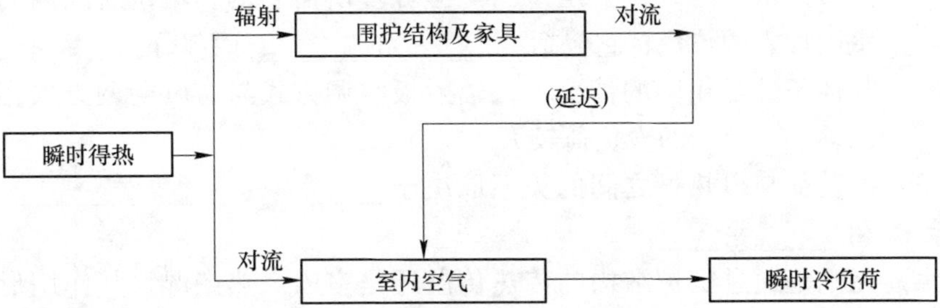

图 3-4　瞬时得热与瞬时冷负荷的关系

1）潜热得热会直接进入室内空气，形成瞬时冷负荷。若考虑到围护结构内装修和家具的吸湿和蓄湿作用，潜热会有延迟。

2）渗透空气的得热会直接进入室内空气中，形成瞬时冷负荷。

3）通过玻璃窗进入室内的辐射得热，先被室内各表面吸收，储存。当这些表面温度高于空气时，以对流换热进入室内空气，形成瞬时冷负荷。

4）通过围护结构导热进入室内的得热量：

①围护结构内表面温度升高，与室内空气对流换热进入空气中。

②以长波辐射形式传给室内其他表面蓄热→吸收→对流→瞬时冷

负荷。

结论：

（1）如果只有对流传热，则冷负荷基本等于得热量。

（2）若有长波辐射存在，热量有蓄热、吸收、延迟。冷负荷与得热量存在相位差和幅度差。

（3）得热量转化为冷负荷过程中，存在着衰减和延迟的现象。主要由围护结构和家具等蓄热能力决定的。

（4）蓄热能力强，冷负荷衰减愈大，延迟时间也愈长。

（5）蓄热能力取决于热容量，热容量大，蓄热能力大。

三、本章习题

1. 填空题

（1）热负荷指的是维持一定室内热湿环境所需要的在单位时间内向室内加入的热量，它包括________和________两部分。

（2）其他条件都相同的情况下，辐射板空调方式与送风空调方式相比，________的冷负荷较大。

（3）冷负荷与得热量之间的关系取决于________、__________和__________。

（4）无论是通过围护结构的传热传湿还是室内产热产湿，其作用形式基本为________、________和________三种形式。而按照性质不同，某时刻房间的得热一般分为________和________两个部分。

（5）由于围护结构热惯性的存在，通过围护结构的得热量与外扰之间存在着________和________的关系。

（6）Low-e 玻璃具有对长波辐射的________发射率、________吸收率和________反射率。

（7）太阳照射到非透明的围护结构外表面时，会有部分被吸收，吸收率的多少与________、________有关。

（8）室内热湿源一般包括________、________和________。

（9）冷负荷计算中常用的两种方法是__________和__________。

（10）湿传递的动力是空气中________________。

（11）如果围护结构内某一断面上有水蒸气凝结，则说明该断面的水蒸气分压力________该断面温度所对应的饱和水蒸气分压力。

（12）当围护结构的热容量愈小，其得热量的峰值就愈________，延迟的时间就愈________。

（13）内遮阳对透光围护结构的遮阳效果比外遮阳的________。

2. 选择题

（1）太阳辐射的能量是通过（　　）途径成为室内得热的。

A 辐射与传导　　B 传导与对流

C 辐射与对流　　D 辐射、传导与对流

（2）室外空气综合温度与下列（　　）因素无关。

A 太阳辐射强度　　B 室外空气流速

C 室外空气温度　　D 室外空气湿度

（3）房间在下列（　　）的情况下，瞬时冷负荷等于瞬时得热量。

A 室内没有人员　　B 空调系统全天开放

C 室内没有湿负荷　　D 瞬时得热量中无辐射传热

（4）关于玻璃的热工性能，哪一项错误？（　　）

A 普通玻璃对长波辐射的吸收率高于对短波辐射的吸收率

B 当玻璃面积和反射率一定时，若吸收率越大，则房间的计算得热量越大

C 当玻璃面积和透射率一定时，若反射率越大，则房间的计算得热量越小

D 当玻璃面积和吸收率一定时，若透射率越大，则房间的计算得热量越小

（5）空调房间的冬季热负荷计算，应按照下列哪项进行？（　　）

A 按不稳定传热简化计算　　B 按夏季冷负荷加以修正

C 按谐波反应法计算　　D 按稳定传热计算

（6）大型商场设计全空气空调系统，下列哪一项作为主要节能措施是错误的？（　　）

A 空气处理机组的风机采用变频调节

B 过渡季节充分利用新风

C 合理匹配新排风机，维持室内正压

D 减少新风量

（7）某夏季设空调的外区办公房间，对同一天来说，哪一项正确？（　　）

A 照明得热量与其对室内形成的同时刻冷负荷总是相等

B 围护结构得热量总是大于其对室内形成的同时刻冷负荷

C 人员潜热得热量总是大于其对室内形成的同时刻冷负荷

D 房间得热量峰值总是大于房间冷负荷峰值

（8）为防止采暖建筑外围护结构内部冬季产生冷凝，以下几项措施中哪一项是错误的？（　　）

A 在围护结构内设排汽通道通向室外

B 将水蒸气渗透系数大的材料放在靠近室外一侧

C 将隔汽层设在靠近室外一侧

D 将隔汽层放在保温材料层内侧

（9）下列哪一个因素与太阳辐射等效温度无关？（　　）

A 朝向　　B 材料对太阳辐射的吸收率

C 太阳辐射强度　　D 室外空气温度

（10）在采暖居住建筑节能设计中，要求下列哪一个参数应该满足规范的要求？（　　）

A 围护结构的总热阻　　B 建筑物的耗热量指标

C 围护结构的热惰性指标　　D 围护结构的结构热阻

（11）计算低温热水地板辐射采暖的热负荷时，将室内温度取值降低2℃，是因为（　　）。

A 低温热水地板辐射采暖用于全面采暖时，在相同热舒适条件下的室内温度可比对流采暖时的室内温度低2~3℃

B 地板辐射采暖效率高

C 地板辐射采暖散热面积大

D 地板辐射采暖水温低

（12）室内空气温度梯度大小与采用的采暖方式有关，温度梯度由大变小的为哪一项？（　　）

A 热风采暖，顶板采暖，地板辐射，散热器采暖

B 顶板采暖，地板辐射，散热器采暖，热风采暖

C 地板辐射，散热器采暖，热风采暖，顶板采暖

D 地板辐射，散热器采暖，顶板采暖，热风采暖

（13）关于得热与冷负荷存在差别的原因，以下哪个说法是不正确的？（　　）

A 围护结构有蓄热能力

B 内扰随时间变化

C 室内表面存在长波辐射或短波辐射

D 围护结构内表面对流换热系数偏小

（14）在同一个建筑空间，与采用送风空调相比，采用辐射空调（　　）。

A 不节能，因为通过围护结构的传热量增加了

B 不完全确定，取决于室内设计参数和能源系统的类型

C 更节能，因为没有吹风感，不需要低温冷水

D 更节能，因为只需要处理显热负荷就可以满足要求

（15）夏热冬暖地区传统建筑的围护结构比较轻薄，但比较注重遮阳和自然通风。用现代的眼光看，这种特点对于建筑节能（　　）。

A 有好处，因为主要围护结构得热来自太阳辐射，自然通风可以改善热舒适

B 有好处，因为可以使得室内气温维持在26℃以下的小时数最多，空调能耗最小

C 没有好处，应该改用热惯性大的围护结构或者相变材料，以控制室内的高温

D 没有好处，应该改用保温性能好的围护结构，并注重围护结构的气密性，降低空调能耗

（16）Low-e 玻璃能够改善夏季室内热环境的原因是（　　）。

A 对长波辐射的低发射率和高反射率

B 对可见光的低透过率

C 对近红外线的低透过率

D 对紫外线的高反射率

（17）采用冷辐射吊顶用于夏天空调，需要18℃的冷水为天然冷源。以下哪些城市可以用地下水作为天然冷源？（　　）

A 西安，室外空气年平均温度13.3℃

B 长沙，室外空气年平均温度17.2℃

C 成都，室外空气年平均温度16.2℃

D 南宁，室外空气年平均温度21.6℃

（18）为什么冬季往往可以采用稳态算法计算热负荷，而夏天却一定要采用动态算法计算冷负荷？（　　）

A 因为冬季的太阳辐射照度小

B 因为冬季的室内气温波动小

C 因为采暖成本比空调低，所以稳态计算的精确度就足够了

D 因为冬季室内外平均温差大，夏季室内外平均温差小

（19）关于通过玻璃窗辐射散热的说法哪个是对的？（　　）

A 室内热量只有短波辐射能够通过玻璃窗向外散发

B 室内热量只能以导热与对流形式通过玻璃窗向外散发

C 室内热量传给玻璃，玻璃可以通过长波辐射向外散发

D 室内热量可以以长波辐射形式直接透过玻璃窗向外散发

（20）为了改善夏季热环境，双层玻璃窗温度会升高，影响室内热舒适（　　）。

A 应该通风，否则内层玻璃温度会升高，影响室内热舒适

B 应该通风，这样可以有效带走太阳辐射的热量，减少向室内传热量

C 不应该通风，因为这样会增加空调湿负荷

D 不应该通风，因为这样会降低玻璃窗的热阻

（21）采用辐射空调与送风空调比，哪一种能耗小一些？（　　）

A 辐射空调是节能新技术，因此能耗小

B 辐射空调能耗大，因为外围结构内外表面温差大

C 两种形式的能耗没有差别

D 需要综合考虑室温设定与围护结构的形式才能确定

（22）室外空气综合温度取决于空气温度和太阳辐射照度（　　）。

A 是一个单纯反映环境参数的变量，与物体参数无关

B 是一个单纯反映环境参数的变量，还与空气流速有关

C 不仅与环境参数有关，还与物体表面对太阳辐射的吸收率有关

D 不仅与环境参数有关，还与物体接受太阳辐射的表面积大小有关

（23）在北方地区，高放射率的百叶窗帘的最好挂法应该是（　　）。

A 夏天挂在室外侧，冬天挂在室内侧

B 夏天挂在室内侧，冬天挂在室外侧

C 一直挂在室内侧

D 一直挂在室外侧

（24）一个空调房间，只有一面外墙，室内热源为一个大功率灯，如果把该灯投射到外墙内表面上，与投射到内墙相比，对房间空调冷负荷有何影响？（　　）

A 冷负荷会降低，因为外墙内表面温度升高，会使室外传入室内的热量减少

B 冷负荷会增加，因为外墙内表面温度升高，与室外传热峰值增加，提高了冷负荷的峰值

C 没有变化，因为无论投射到那个墙面上，灯光设备的热都不会变化

D 与墙体的蓄热性能有关，有的会增加负荷，有的会减少负荷

（25）外扰和内扰对室内环境的主要作用形式不包括（　　）。

A 对流换热　　B 导热　　C 辐射　　D 渗透

（26）任一时刻房间瞬时得热量的总和（　　）同一时间的瞬时冷负荷。

A 未必等于　　B 大于　　C 小于　　D 等于

（27）冷负荷与得热量之间的关系不取决于（　　）。

A 房间的构造　　B 围护结构的热工特性

C 热源的特性　　D 计算时刻

（28）在热量的传递过程中，物体温度不同部分相邻分子发生碰撞和自由电子迁移所引起的能量传递称为（　　）。

A 辐射　　B 对流　　C 导热

（29）当空气中实际含湿量不变，即实际水蒸气分压力 p 不变，下列叙述正确的是（　　）。

A 空气温度降低时，相对湿度将逐渐增高

B 空气温度降低时，湿度不变

C 空气温度升高时，相对湿度将升高

D 空气温度降低时，相对湿度将逐渐降低

（30）下列围护结构，哪一种热惰性指标最小？（　　）

A 外墙　　B 屋顶　　C 地面　　D 外窗

（31）为了使房间内温度升高（或降低）得快，围护结构的内表面（或内侧），应用（　　）的材料。

A 导热系数小　　B 蓄热系数小

C 热惰性大　　D 蓄热系数大

（32）定向反射和透射材料入射角会（　　）反射角。

A 小于　　B 等于

C 大于　　D 大于或等于

（33）（　　）得热部分先传到各内表面，再以对流形式进入空气称为瞬时冷负荷。

A 导热　　B 对流　　C 辐射　　D 蒸发

（34）室内显热得热中，（　　）得热部分可以立刻成为瞬时冷负荷。

A 导热　　B 对流　　C 辐射　　D 蒸发

（35）夏季在没有装空调器的房间里借助打开电冰箱门来为室内供冷，结果是（　　）。

A 室温下降，有作用

B 室温维持不变，不起作用

C 室温上升，更糟糕

D 室温上升和下降的可能性都有

3. 判断题

（1）当室内不存在长波辐射但有短波辐射源落在某非透光围护结构内表面时，该围护结构的得热等于实际上通过围护结构传到室内的热量。　（　　）

(2) 夏季忽略夜间辐射对空调冷负荷的计算是有利的。 (　　)

(3) 外遮阳比内遮阳的遮阳作用要差些。 (　　)

(4) 通过玻璃窗的太阳直射辐射能直接成为房间的冷负荷。 (　　)

(5) 冬季空调负荷计算中不考虑夜间辐射对围护结构外表面的热作用是偏安全的。 (　　)

(6) 高反射率镜面外墙和红外砖墙的室外空气综合温度是一样的。 (　　)

(7) 冷负荷量的大小与除热量的方式有关。 (　　)

(8) 在一般空调负荷计算中，计算室外综合温度常常不考虑围护结构外表面与天空和周围物体之间的长波辐射。 (　　)

(9) 如果室温维持恒定，此时房间的冷负荷就等于房间的总得热量。 (　　)

(10) 外扰主要包括室外气候参数如空气温湿度、太阳辐射、风速、风向变化。 (　　)

4. 名词解释

(1) 热负荷；

(2) 室外空气综合温度；

(3) 得热量；

(4) 遮阳系数；

(5) 冷负荷；

(6) 夜间辐射。

5. 简答题

(1) 建筑物围护结构最小传热阻有何意义？怎样检验内表面是否结露？

(2) 分析湿传递的过程和后果。

(3) 透过玻璃窗的太阳辐射中是否只有可见光，没有红外和紫外线？

(4) 白瓷砖表面对一切热都具有高反射率、低吸收率吗？太阳辐射下的白瓷砖是否可以看作是灰体，在什么条件下可以看作是灰体？

(5) 给出得热量与冷负荷的定义，指出它们之间的不同点与相关性，并说明为什么。如果一个空调房间，只有一面外墙，室内热源为一个大功率灯，把灯光投射到外墙内表面上和把灯光投射在内墙表面上对房间的冷负荷有何影响？
(6) 在计算建筑物的冬季热负荷时，忽略天空辐射作用将会导致何种结果，为什么？而在计算夏季冷负荷时，又应如何处理，为什么？
(7) 什么情况下建筑物与环境之间的长波辐射可以忽略，为什么？
(8) 冬季夜间把窗户上的金属外百叶窗帘放下来有助于降低采暖负荷吗？请说明原理。
(9) 在同一住宅楼上建筑设计与热工特性完全相同的两套单元房，一套窗户朝东，一套窗户朝西。夏季室内热环境哪个更好一些，为什么？
(10) 室外空气综合温度是否由气象参数单独决定，为什么？
(11) 透过玻璃的太阳辐射是否等于建筑物的瞬时冷负荷？
(12) 室内照明和设备散热是否直接转变为瞬时冷负荷？
(13) 通过玻璃窗进入室内的辐射得热和室内人体产生的得热能立即成为瞬时冷负荷吗？为什么？
(14) 试分析冬季采暖负荷计算时往往采用稳态算法，而夏季空调负荷计算时却必须采用动态算法的原因。
(15) 某房间的暖气片，某日散热量不足，房间偏冷。将入口阀门开大，加大流量，由于热阻主要在空气侧，加大流量无助于传热系数的提高，故不能提高散热量。该判断对吗？为什么？
(16) 外墙表面和内墙表面采用同样的材料，计算其表面辐射换热量时，内外表面采用的辐射吸收率是相同的吗？为什么？采用白色材料和采用深色材料的内外表面辐射吸收率有什么不同？
(17) 一间用彩钢板（表面为有机涂层的钢板，芯材是高热阻的轻质保温材料）建造的简易房要配空调，需要计算冷负荷，彩钢板的热阻已知，但是现有的设计手册并无这种建材的冷负荷温度。你会采用什么方法计算冷负荷，理由是什么？
(18) 人们常认为采用白色外墙比采用深色外墙能更好地降低建筑的

太阳辐射得热，那么白色的内墙表面是不是也比深色的内墙表面吸收辐射热量少呢？为什么？

（19）湿衬衣晾在某个干球温度为 t，湿球温度为 t_a 的环境内一段时间，衣服的表面将接近何种状态？如果有两个房间，室内空气相对湿度均恒为 60%，但一间房间内空气温度恒为 30℃，另一间房间内空气温度恒为 20℃，在哪间房间内晾衣服干得快？

（20）夏季火锅店经常会出现空调机送风口出现一团白色的雾，但是随着射流的距离越来越远，白雾逐渐消失，解释这种物理现象。

（21）采用地板与吊顶辐射方式采暖和采用送风方式采暖两者相比较房间的热负荷有没有区别，为什么？（前提：1）室内温度一样；2）热舒适度一样）

（22）请分析一下在华南地区和在东北地区的办公楼建筑，采用整体热阻与实体墙一样的高保温型内循环双层玻璃幕墙的围护结构形式（这种玻璃外层是双层玻璃，内层是单层玻璃，中间是循环的空气），与实体墙相比对建筑的全年能耗会有什么样的影响？（重点考虑各个地区的气候条件导致的负荷特征，以及玻璃与实体墙对负荷的影响）

（23）一室内游泳池，室内空气干球温度为 t_a，湿球温度为 t_s，游泳池底用加热器加热水温为 t_w，且 $t_s<t_w<t_a$，则水层表面温度 t_b 与以上所提到的几个温度的关系是怎样的，原因是什么？（$t_s<t_b<t_w$）

（24）中东地区厚实的土墙和屋面能够提供很好的室内热环境，请问这种类型的围护结构用于我国的广东省民居会不会也很有效，如果用于黑龙江民居效果又如何？

6. 计算题

（1）某单层办公建筑位于天津地区，坐北朝南，其中一个办公室尺寸为长×宽×高 = 10m×5m×4m，仅有南北 2 面外墙，其厚度为 370mm，窗均匀布置在南北墙上，其与墙的比例为 0.4，可开启面积为窗面积的 109%，窗内遮阳设施的遮阳系数为 0.6，窗的遮挡系数为 0.86，窗有效面积系数为 0.85。

1）计算该办公室在空调方式下夏季下午 2 点由围护结构引起的设计冷负荷，其中北墙与北窗负荷已知，分别为 225.83W、515.91W，室内设计温度为 26℃（不计内部热源）。

已知条件见表 3-1。

表 3-1 天津市某办公室围护结构参数

项目	条件
外墙外表面对流换热系数	18.6W/(m^2·℃)
外墙内表面对流换热系数	15.0W/(m^2·℃)
外墙导热系数	0.81W/(m^2·℃)
外墙吸收系数	0.97
外窗传热系数	3.516W/(m^2·K)
太阳的最大得热因数	302W/m^2
玻璃窗冷负荷系数	0.23
外墙冷负荷计算温度	35.6℃
外窗冷负荷计算温度	31.9℃

注：冷负荷温度地点修正 t_d：S：−0.4，N：−0.2；外表面放热修正系数 q 取 0.98。玻璃窗地点修正值 t_d：0，传热系数修正值 1.00。

2）春季仅依靠风压作用的自然通风带走室内负荷，而不应用空调系统，在室外温度为 24℃时，计算室内可达到的温度。因春季太阳辐射减小，负荷值可按上述计算值的 80%考虑。室外风向为南风，风速 2m/s。南北向窗的空气动力系数值分别为 0.5 和 −0.5，窗的流量系数均为 0.5，空气密度为 1.2kg/m^3。

（2）某超市的尺寸为长×宽×高 = 100m × 20m × 5m，外墙厚度为 370mm，位于 3 层建筑的 2 层，4 面围护结构均与室外相连，窗均匀布置，其与墙的比例为 0.4，窗内遮阳设施的遮阳系数为 0.6，窗的遮挡系数为 0.86，窗有效面积系数为 0.85。室内设计温度为 26℃。

请计算该超市的夏季下午 2 点时由围护结构引起的设计冷负荷。

1）北京地区。已知条件见表3-2。

表3-2　北京市某超市围护结构参数

项目	外墙外表面对流换热系数	外墙内表面对流换热系数	外墙导热系数	外墙吸收系数
条件	18.6W/(m^2·K)	15.0W/(m^2·K)	0.81W/(m^2·K)	0.75
项目	外窗传热系数	太阳的最大得热因数	下午2点室外温度	玻璃窗冷负荷系数
条件	3.516W/(m^2·K)	E：599　S：202 W：599　N：114	32.5℃	0.23
项目	外墙冷负荷计算温度	外窗冷负荷计算温度		
条件	35.6℃	31.9℃		

2）哈尔滨地区（冷负荷温度地点修正 t_d：S：-2.2，W：-3.4，N：-3.4，E：-3.4，外表面放热修正系数取0.98，吸收系数 p 取0.97；玻璃窗地点修正值 t_d：-3，传热系数修正值1.00；太阳的最大得热因数：E：598，S：368，W：598，N：109）。

（3）夏季时，某地的日射得热因数最大值为860W/m^2，窗的传热系数为2.4W/(m^2·K)，遮挡系数为0.80，遮阳系数为0.60，窗的冷负荷温度为32℃，冷负荷系数为0.9。室内计算温度为26℃，请分别计算该窗单位面积的温差传热和日射得热形成的冷负荷。

7. 思考题

（1）分析热量衰减和延迟的原因。

（2）有一建筑物的外墙由红砖砌筑，没有外抹灰，当太阳辐射强度为140W/m^2、气温28℃时，太阳辐射的等效温度是多少？室外空气综合温度是多少？又当其外表面贴上白瓷砖后，在同样情况下，室外空气综合温度是多少？

（3）围护结构与玻璃窗在计算太阳辐射引起的负荷计算时有什么不同？

(4) $\varepsilon Iy/(\alpha w)$ 的物理意义是什么？垂直面与水平面的处理为什么不同？

(5) 如果地面考虑保温与防湿，则保温层与隔汽材料的布置顺序一般应如何考虑？

(6) 透过玻璃窗的太阳辐射是否等于建筑物的瞬时冷负荷？室内照明和设备散热是否直接转变为瞬时冷负荷？考虑墙体蓄热与延迟由室外参数计算得到内壁温度，由此计算得到的墙体传热得热是否就是墙体传热冷负荷？试给出解答上述问题的理由。

(7) 说明夏季商场中得热量的组成，分析哪些能成为瞬时冷负荷，哪些不能成为瞬时冷负荷，为什么？

(8) 为什么在寒冷地区冬季采暖的建筑，需防止围护结构产生表面和内部凝结？

(9) 为什么间歇运行的空调系统在开机阶段的启动负荷比连续稳定运行时的负荷更大？

(10) 在建筑结构的设计中，为什么要考虑玻璃窗户的经济面积值？

(11) 在室内空气参数相同时，利用辐射板空调的负荷比送风空调方式负荷大还是小，为什么？

(12) 冬天晚上挂上窗帘能否改变室内热环境？原理是什么？

(13) 封闭阳台对房间的热环境有什么影响？

(14) 透过玻璃窗的太阳辐射中是否只有可见光，没有红外线和紫外线？该太阳辐射是否等于建筑物的瞬时冷负荷？室内照明和设备的散热是否直接转变为瞬时冷负荷？

(15) 绘图说明冷负荷与得热量的关系。

(16) 写出判断墙体表面是否结露的步骤（包括公式）。

(17) 围护结构受潮后其保温性能是增加还是降低？从传热机理上加以阐明。

四、参考答案

1. 填空题

(1) 显热负荷；潜热负荷。

(2) 辐射板空调方式。
(3) 房间的构造；围护结构的热工特性；热源的特性。
(4) 对流换热；导热；辐射；显热；潜热。
(5) 衰减；延迟。
(6) 低；低；高。
(7) 表面粗糙度；颜色。
(8) 人体；设备；照明设施。
(9) 谐波反应法；冷负荷系数法。
(10) 水蒸气分压力差。
(11) 低于。
(12) 高；短。
(13) 差。

2. 选择题

(1)~(5)：D D D D D；(6)~(10)：D D C D B；(11)~(15)：A A B A B；(16)~(20)：A D D A D；(21)~(25)：D C B A D；(26)~(30)：A D C A D；(31)~(35)：B B C B C

3. 判断题

(1)~(5)：× √ × × ×；(6)~(10)：× √ √ √ ×

4. 名词解释

(1) 热负荷：维持室内空气湿参数为恒定值时，在单位时间内需要向室内加入的热量。热负荷量的大小与补充热量的方式有关。可分为显热负荷和潜热负荷。
(2) 室外空气综合温度：相当于室外温度由原来的空气温度增加了一个太阳辐射的等效温度，并考虑了长波辐射的影响，并非实际的室外空气温度。$t_z = t_{air} + \frac{aI}{\alpha_{out}} - \frac{Q_l}{\alpha_{out}}$
(3) 得热量：在外部气象参数作用下，由室外传到外围护结构内表面以内的热量，或者是室内热源散发在室内的全部热量。

（4）遮阳系数：设置了遮阳设施后的透光外围护结构太阳辐射得热量与未设置遮阳设施时的太阳辐射得热量之比。

（5）冷负荷：维持室内空气热湿参数为某恒定值时，在单位时间内需要从室内除去的热量，包括显热量和潜热量两部分。

（6）夜间辐射：围护结构外表面与环境的长波辐射换热量，计算夜间的室外空气综合温度时，由于夜间没有太阳辐射的热作用，而天空的背景温度远远低于空气温度，因此此项辐射放热量是不可以忽略的，特别是在冬季夜间忽略掉天空辐射作用会导致对热负荷的估计偏低，因此该项被称为夜间辐射或有效辐射。

5. 简答题

简答题（1）：确定建筑物围护结构最小热阻主要有两方面的意义：

1）除浴室外等相对温度很高的房间外，围护结构内表面温度应满足不结露的要求。因为内表面结露可导致耗热量增大，使围护结构易于破坏。

2）室内空气温度与围护结构内表面温度的温度差应满足卫生要求。因为当内表面温度过低，人体向外辐射热过多，会产生不舒适感。

根据以上要求确认的外围护结构传热热阻，称为最小传热阻，即围护结构内表面是其最主要的约束条件。

检验内表面是否结露，应校核围护结构内表面温度是否高于室内空气的露点温度。如果低于与围护结构内表面接触的室内空气的露点温度，就会发生结露。

露点温度是相当于室内计算温度和相对湿度状况下的露点温度。在确认室内空气露点温度时，室内空气相对温度按如下取值：

①对于居住建筑和卫生要求较高的公共建筑，在严寒地区取DN＝60%，在寒冷地区取DN＝65%。

②对于一般公共建筑物，其围护结构的传热阻应根据技术经济设置；全面采暖的建筑物，其围护结构的热传阻应根据技术经济比较决定，且这符合国家现行有关节能标准的规定，防结露是最低的要求。

简答题（2）：传递的动力是水蒸气分压力的差。墙体中水蒸气的传递过程与墙体中的热传递过程相类似，当墙体内实际水蒸气分压力高于饱和水蒸气分压力时，就可能出现凝结或冻结，影响墙体保温能力和强度。

简答题（3）：不是，虽然红外线和紫外线有很大一部分被玻璃窗反射回去了，可是，还是会有一部分红外线或紫外线透过玻璃窗。

简答题（4）：1）不是，白瓷砖表面对可见光与近红外线具有高反射率、低吸收率，但对长波红外线则具有低反射率、高吸收率。

2）在太阳辐射的主要波长范围内，白瓷砖的单色吸收率均随波长显著变化，因此不能看成是灰体。

3）只有在长波辐射条件下，白瓷砖的单色吸收率近似常数，可以看作是灰体。

简答题（5）：得热量是指通过各种途径进入室内的热量，包括显热量和潜热量两部分；冷负荷是指维持一定室内热湿环境所需要在单位时间内从室内除去的热量。

得热量与冷负荷的概念不同，数值也不同。得热量中的潜热部分会直接进入室内空气，形成瞬时冷负荷，如果考虑围护结构的内装修和家具的吸湿作用，潜热得热也会存在延迟。显热量中的对流得热部分立刻就进入室内空气中成为瞬时冷负荷，而辐射得热部分首先会传到室内各表面，提高这些表面的温度。当这些表面的空气温度高于室内空气温度时，就会有热量以对流换热的形式进入到空气中，成为瞬时冷负荷。因此，冷负荷对于得热量有着时间的延迟和数值的衰减。

如果把光投射到外墙内表面上，部分光能转换成热能，使外墙内表面的温度升高，从而降低了外墙内表面与外墙外表面的温差，会减少由于外围护结构导热引起的热量，从而减少房间的冷负荷，而投射到内墙，也会提高内墙内表面的温度，此时会由于该内表面的温度高于邻室的温度，而使得热量由该室传递到邻室，房间冷负荷减少。

简答题（6）：夜间由于没有太阳的辐射作用，而天空的背景温度远远低于空气温度，当在计算建筑物的冬季热负荷时，忽略夜间建筑与天空间的辐射换热时，将会导致热负荷的计算偏低。而在夏季计算冷负荷时，忽略这部分通过建筑的散热，却会使冷负荷的计算数值增大，提高了保险系数，所以在计算冷负荷时，可不计天空辐射作用。

简答题（7）：在白天时，可以忽略建筑物与环境之间的长波辐射。

因为建筑物与环境之间的热交换包括建筑物与空气间的对流换热，建筑物受太阳的辐射，以及建筑物与环境间进行的长波辐射。当白天时，建筑物与环境的热交换以前面两者为主，而后者由于数值很小，因此可以忽略。

简答题（8）：能。因为金属外百叶卷帘本身以及和玻璃间的空气夹层不仅可以增加一定的传热热阻，而且更重要的是能够阻隔玻璃对天空的长波辐射散热。

简答题（9）：朝东的单元房夏季热环境要好些，因为下午室外气温比较高，同时朝西的单元获得的太阳辐射比较多，双重叠加的作用导致室内热过热或空调负荷过高，上午朝东的单元获得太阳辐射比较多，但此时的室温空气温度比较低，气温和太阳辐射的两个峰值错开了，所以室内热状况要比朝西的单元好。

简答题（10）：室外空气综合温度不是单独由气象参数所决定的。所谓室外空气综合温度 $t_z = t_{air} + \dfrac{aI}{\alpha_{out}} - \dfrac{Q_l}{\alpha_{out}}$，它是由室外温度、太阳辐射及建筑表面与环境进行长波辐射三种因素综合影响的一个指标，相当于室外气温由原来的空气加一个太阳辐射的等效温度值，它不仅考虑了来自太阳对周围结构的短波辐射，而且反映了周围结构外表面与天空和周围物体之间的长波辐射。

简答题（11）：冷负荷是维持室内空气热湿参数为某恒定值时，在单位时间内需要从室内除去的热量。渗透空气的得热直接进入室内成为瞬时冷负荷。对流部分的也会直接传递给室内空气成为瞬时冷负荷。而辐射部分进入到室内后，并不直接进入到空气中，而会通过对流换热方式逐步释放到空气中，形成冷负荷。

简答题（12）：不是，因为这些得热部分要与室内各表面产生热交换，从而产生衰减和延迟。

简答题（13）：通过玻璃窗进入到室内的辐射得热首先把热量传

递到室内的各表面，唯有在室内表面的温度高于室内空气温度时，其表面的热量才以对流换热的形式进入到空气中，成为瞬时的冷负荷，所以并不能立即成为冷负荷。同样，室内的人体所产生的得热是由辐射热和对流形式组成，由于辐射部分不能成为瞬时冷负荷而使得人体的产热不能立即成为瞬时冷负荷。

简答题（14）：稳态算法是不考虑建筑物以前时刻传热过程的影响，只采用室内外瞬间或平均温差与围护结构的传热系数、传热面积的积来求负荷值，方法简单直观。但由于不考虑建筑的蓄热能力，所以会与实际存在误差。当室内外的温差越小、建筑物的蓄热能力越强，误差越大。采暖地区在冬季时，其室内外温差的平均值远远大于室内外温差的波动值，这时采用平均温差的稳态计算带来的误差也比较小，在工程设计中可以接受。所以我国在进行采暖负荷计算时采用稳态计算法。

但计算夏季冷负荷时采用稳态算法便可能导致完全错误的结果，因为尽管夏季日间瞬时室外温度可能要比室内温度高很多，但夜间却有可能低于室内温度，因此与冬季相比，室内外平均温差并不大，但波动的幅度却相对比较大。如果采用日平均温差的稳态算法，则导致冷负荷计算结果偏小。如果采用逐时室内外温差，忽略围护结构的衰减延迟作用，则会导致负荷计算结果偏大，所以需要采用动态算法。

简答题（15）：不对，该方法能够提高温差，增大辐射换热量。

简答题（16）：不一样。会进行选择性吸收。白颜色作为室内表面材料吸收率高，作为室外表面材料吸收率低。深颜色作为室内表面材料吸收率低，作为室外表面材料吸收率高。

简答题（17）：用稳态计算法，采用室内外瞬间温差和围护结构的传热系数、传热面积的积来求取负荷值。因为彩钢板建筑物的蓄热能力不好，室内温度随室外温度的波动大，所以使用稳态计算法误差不会很大。

简答题（18）：不是。太阳辐射光谱为短波，白色外墙对短波反射率高。而室内辐射光谱为长波。

简答题（19）：湿衣服表面接近湿球温度 t_a、相对湿度 100%。

在 30℃的房间晾衣服干得快。

因为质交换的动力取决于浓度差，在 30℃的环境中，衣服表面与空气含湿量差约为 2.3g/kg 干空气；在 20℃的环境中衣服表面与空气含湿量差约为 1.7g/kg 干空气。由于前者湿差大，质交换快，衣服也干得快。

简答题（20）：热空气遇低温空调的送风口凝结成细小水滴。

简答题（21）：在室内温度一样，热舒适度一样时，辐射空调热负荷高于送风空调热负荷。因为辐射空调时室内围护结构表面温度高于送风空调，增大了通过围护结构的传热量。故而负荷增大。

简答题（22）：东北地区能耗将比实体墙小，华南地区能耗将比实体墙大。整体热阻相同，故只考虑比较太阳辐射得热量即可。

东北地区冬季严寒，应增大日射得热量，纬度高，夏季太阳直射辐射照度小，无需刻意减少日射得热量，故采用双层玻璃幕墙更优。

华南地区冬季温和夏季炎热，应减少日射的热量，注意遮阳，故采用实体墙更优。

简答题（23）：因为 $t_s<t_w<t_a$，所以空气向水的显热传热量小于水向空气的潜热传热量，空气的焓值增加。然而空气与水的换热主要是空气与水表层水面的换热，而此换热若要达到增焓的目的，水表面温度需大于湿球温度。

简答题（24）：中东地区炎热干燥昼夜温差大，但日平均温度较低，厚实的土墙和屋面有很大的热惯性，强大的蓄热能力（白天蓄热，夜晚释放）使得室内温度维持较稳定且较舒适的程度。对于广东省来说，日平均温度较高，厚实的土墙和屋面使得白天和晚上都很热；对于黑龙江省，厚实的土墙和屋面使得室内热环境夏季凉爽，冬季也较好。

6. 计算题

计算题（1）：

1）①外墙传热引起的冷负荷

南北墙的面积 $A_s = 10\times4 = 40\text{m}^2$

传热系数 K 的计算 $K=\dfrac{1}{\dfrac{1}{18.6}+\dfrac{1}{15}+\dfrac{0.37}{0.81}}=1.732\text{W}/(\text{m}^2\cdot\text{K})$

$$t'_{c(\tau)}=(t_{c(\tau)}+t_d)\alpha\rho$$

南墙为：$t'_{c(\tau)s}=(35.6-0.4)\times0.98\times0.97=33.46℃$

因此，$Q_{c(\tau)}=A_sK(t'_{c(\tau)s}-t_n)$

$=24\times1.732\times(33.46-26)$

$=310.10\text{W}$

②外窗传热引起的冷负荷

外窗的面积 $A_w=0.4A_s=0.4\times40=16\text{m}^2$

$Q_{c(\tau)s}=C_wA_wK_w(t_{c(\tau)}+t_d-t_n)=1\times16\times3.516\times(31.9+0-26)$

$=331.91\text{W}$

③外窗日照的热引起的冷负荷

$Q_{c(\tau)}=C_aA_wC_sC_iD_{j,\max}C_{LQ}=0.85\times16\times0.86\times0.6\times302\times0.23$

$=487.44\text{W}$

综上所述，得到总冷负荷为

$Q=310.10+225.83+331.91+487.44+515.91=1871.19\text{W}$

2）得到 $Q'=0.8Q$，由公式 $Q'=CG(t_n-t_w)$ 可得到 t_n。

其中，通风量 G 的求导顺风方向分别有 P_{fa}、P_x 和 P_{fb}：

$$P_{fa}=K_a\times\frac{v^2}{2}\rho \qquad P_{fb}=K_b\times\frac{v^2}{2}\rho$$

$$\Delta P_a=P_{fa}-P_x \qquad \Delta P_b=P_x-P_{fa}$$

又因为 $G_a=G_b$，因此 $\Delta P_a=\Delta P_b$，得到：$P_x=\dfrac{P_{fa}+P_{fb}}{2}$

$$\Delta P_a=P_{fa}-P_x=\rho$$

$$G=\mu F\sqrt{2P_a\rho}=1.35\text{kg/s}$$

因此，由 $Q'=CG(t_n-t_w)=1.01\times103\times135\times(t_n-24)$

$=0.8\times1871.19\text{W}$

可得 $t_n=25.098℃$。

计算题（2）：

1）北京地区

外墙传热系数：$K = \dfrac{1}{\dfrac{1}{18.6} + \dfrac{0.37}{0.81} + \dfrac{1}{15}} = 1.7\text{W}/(\text{m}^2 \cdot \text{K})$

①外墙冷负荷：$Q_{c(\tau)} = AK(t_{c(\tau)} - t_R)$

南外墙：$Q = 300 \times 1.7 \times (35.6 - 26) = 4996\text{W}$

北外墙：$Q = 300 \times 1.7 \times (35.6 - 26) = 4896\text{W}$

东外墙：$Q = 60 \times 1.7 \times (35.6 - 26) = 979.27\text{W}$

西外墙：$Q = 60 \times 1.7 \times (35.6 - 26) = 979.21\text{W}$

②外窗瞬变传热冷负荷：$Q_{c(\tau)} = A_{\text{w}} K_{\text{w}} (t_{c(\tau)} - t_R)$

南侧窗 $= 200 \times 3.516 \times (31.9 - 26) = 41507\text{W}$

北侧窗 $= 200 \times 3.516 \times (31.9 - 26) = 41507\text{W}$

西侧窗 $= 40 \times 3.516 \times (31.9 - 26) = 829.87\text{W}$

东侧窗 $= 40 \times 3.516 \times (31.9 - 26) = 829.87\text{W}$

透过玻璃窗日射得热冷负荷：$Q_{c(\tau)} = C_{\text{a}} A_{\text{w}} C_{\text{s}} C_i D_j C_{LQ}$

北侧窗日射得热负荷：$0.85 \times 200 \times 0.86 \times 0.6 \times 114 \times 0.23 = 2300\text{W}$

南侧日射得热负荷：$0.85 \times 200 \times 0.86 \times 0.6 \times 515 \times 0.23 = 6092.81\text{W}$

西侧窗日射得热负荷：$0.85 \times 40 \times 0.86 \times 0.6 \times 599 \times 0.23 = 2416.9\text{W}$

东侧窗日射得热负荷：$0.85 \times 40 \times 0.86 \times 0.6 \times 599 \times 0.23 = 2416.9\text{W}$

不计其他类型负荷，故北京地区该超市在下午2时的总冷负荷

$Q = 4.89 \times 2 + 0.99 \times 2 + 4.15 + 4.15 + 0.83 + 0.83 + 2.3 + 6.1 + 2.4 + 2.4 = 34.9\text{kW}$

2）哈尔滨地区

①外墙冷负荷：$Q_{c(\tau)} = AK[(t_{c(\tau)} + t_{\text{d}}) k_\alpha k_\rho - t_R]$

北外墙：$Q = 300 \times 1.7 \times [(35.6 - 3.4) \times 0.98 \times 0.97 - 26] = 2350.8\text{W}$

南外墙：$Q = 300 \times 1.7 \times [(35.6 - 2.2) \times 0.98 \times 0.97 - 26] = 2932.57\text{W}$

东外墙：$Q = 60 \times 1.7 \times [(35.6 - 3.4) \times 0.98 \times 0.97 - 26] = 470.2\text{W}$

西外墙：$Q_w = 60 \times 1.7 \times [(35.6 - 3.4) \times 0.98 \times 0.97 - 26] = 470.27\text{W}$

②外窗瞬变传热冷负荷：$Q_{c(\tau)s} = C_w A_w K_w (t_{c(\tau)} + t_d - t_R)$

南侧窗：$Q_a = 1.00 \times 200 \times 3.516 \times (31.9 - 3 - 26) = 2039.37\text{W}$

北侧窗：$Q_{au} = 1.00 \times 200 \times 3.516 \times (31.9 - 3 - 26) = 2039.37\text{W}$

西侧窗：$Q_u = 1.00 \times 40 \times 3.516 \times (31.9 - 3 - 26) = 407.87\text{W}$

东侧窗：$Q = 1.00 \times 40 \times 3.516 \times (31.9 - 3 - 26) = 407.87\text{W}$

③日射得热冷负荷：$Q_{c(\tau)} = C_a A_w C_s C_i D_{j,\max} C_{LQ}$

北侧窗日射得热负荷：$Q_{ao} = 0.85 \times 200 \times 0.86 \times 0.6 \times 109 \times 0.23 = 2199\text{W}$

南侧窗日射得热负荷：$Q_o = 0.85 \times 200 \times 0.86 \times 0.6 \times 368 \times 0.23 = 7424\text{W}$

西侧窗日射得热负荷：$Q = 0.85 \times 40 \times 0.86 \times 0.6 \times 598 \times 0.23 = 2413\text{W}$

东侧窗日射得热负荷：$Q_a = 0.85 \times 40 \times 0.86 \times 0.6 \times 598 \times 0.23 = 2413\text{W}$

不计其他类型负荷，故哈尔滨地区该超市在下午2时的总冷负荷

$$Q = 2.35 + 2.93 + 0.47 + 0.47 + 2.4 + 2.04 + 0.41 + 0.41 + 2.2 + 7.4 + 2.4 + 2.4 = 25.52\text{kW}$$

计算题（3）：

该窗单位面积的温差传热形成的冷负荷为

$$Q_{cl,\text{wall}(\tau)} = K_{\text{wall}} (t_{cl,\text{wall}(\tau)} - t_{a,\text{in}}) = 2.4 \times (32 - 26) = 14.4\text{W/m}^2$$

该窗单位面积的日射得热形成的冷负荷为

$$\begin{aligned} Q_{cl,\text{wind},\text{sol}} &= C_n C_s D_{j,\max} C_{cl,\text{wind},(\tau)} = 0.8 \times 0.6 \times 860 \times 0.9 \\ &= 371.5\text{W/m}^2 \end{aligned}$$

第四章　人体对热湿环境的反应

扫码做题

一、大纲要求

（1）熟悉影响人体热舒适的物理因素；

（2）掌握影响人体与外界热交换的物理因素。

二、主要考点、知识点及难点解析

1. 热平衡方程

$$M-W-C-R-E=S$$

主要人体与外界换热的主要因素：

（1）衣服热阻：热阻增加，换热减小；

（2）环境空气温度→对流温差→对流换热量；

（3）周围空气流速→对流换热系数，流速增加散热量增加；

（4）潜热：汗液蒸发和呼吸；

（5）周围物体的表面温度决定了辐射散热强度；

（6）周围空气的湿度增加→水蒸气分压力增加→人体的表面蒸发率下降

$$S=f(M,\ t_a,\ \varphi,\ v_a,\ \bar{t}_r,\ I_{cl})$$

2. 对比高温高湿与低温高湿下人体的热感

温度 T 升高，湿度 Φ 增加→水蒸气分压力增加→蒸发增加→带走的热量增加，热感加强；

温度 T 降低，湿度 Φ 增加→衣物潮湿→降低衣物热阻→强化传热→冷感增加。

3. 服装热阻 I_{cl}

服装热阻指的是显热热阻 I_{clo}，常用的单位有：$m^2 \cdot K/W$ 和 clo

$$1clo = 0.155 m^2 \cdot K/W$$

1clo 定义为：一个静坐者在 21℃ 空气温度、空气流速不超过 0.05m/s，相对湿度不超过 50% 的环境中感到舒适所需要的服装热阻。

4. PMV-PPD 指标及其影响因素

$$PMV = f(t_a, \varphi, v_a, \theta_{mrt}, M, I_{cl})$$

三、本章习题

1. 填空题

(1) 影响人体与外界显热交换的 4 个环境因素是________、________、________、________。

(2) 影响热舒适的物理因素主要有________、________、________、________。

(3) 有效温度是将________、________、________对人体的温暖感或冷感的影响的综合数值，该数值等效于产生相同感觉的________的温度。

(4) 人体与外界热交换的形式包括________、________、________。

(5) 热舒适方程中，六个影响人体热舒适变量的因素分别为________、________、________、________、________、________。

(6) PMV 指标代表的是____________。PPD 指标代表的是________。

(7) 人体代谢率主要是由________决定的。

(8) 人处于热舒适时，人体热平衡方程的人体蓄热率为________。

(9) 一般来说，人体的衣服热阻越大，则人体与外界的换热量越________。

(10) 空调负荷计算中，机械效率常看做________。

(11) PMV 是 0 时，表示人体的热感觉是________，其 PPD 是________。

(12) 吹风感的一般定义为________________。

(13) 人体核心温度是由________________决定的。

(14) 稳定状态人体的热舒适的前提条件是：________、________、________。

(15) 人体体温的调节方法包括________、________和________。

(16) 热感觉是“中性”状态时，人感到________，此时人体用于体温调节所消耗的能量是________。

2. 选择题

(1) 关于人与环境的热平衡，下列（　　）说法是错误的。

A 人处于热中性状态

B 人体蓄热率为 0

C 人体新陈代谢产热率等于人与环境热交换净失热率

D 正常情况下与环境温度无关

(2) PMV 指标是在（　　）提出的。

A 稳定条件下利用热舒适方程

B 非稳定条件下利用热舒适方程

C 稳定条件下利用人体热平衡方程

D 非稳定条件下利用人体热平衡方程

(3) 按 Fanger 的热舒适理论，下列（　　）因素与热舒适无关。

A 相对湿度　　B 活动量

C 空气流速　　D 环境背景

(4) 热平衡方程不包括下面哪一项？（　　）

A 对流形式散发的热量　　B 辐射形式散发的热量

C 人体蓄热率　　D 热传导形式散发的热量

(5) 人体的产湿量随着（　　）而上升。

A 温度的上升　　B 温度的下降

C 湿度的上升　　D 湿度的下降

（6）PMV 最适用于以下哪种热环境的评价？（　　）

A 自然通风的环境

B 用变动风速送风的空调环境

C 参数连续稳定的办公室空调环境

D 地铁车厢、车站的空调环境

（7）ISO773 推荐的 PMV-PPD 体系中，当 PMV=0 时，PPD 为（　　）。

A 0%　　B 5%

C 10%　　D 15%

（8）平均辐射温度在热舒适评价方面反映了（　　）。

A 与多个围合表面间辐射换热的综合作用

B 太阳辐射与空气温度的综合作用

C 黑球温度与空气温度的综合作用

D 长波辐射和太阳辐射的综合作用

（9）夏天空气湿度高会使人感到更闷热的原因是（　　）。

A 出汗湿润衣服，导致服装热阻增大

B 皮肤被汗水湿润的面积增大而产生黏滞感

C 热量无法通过出汗带走，导致人体的散热量偏少

D 高湿导致人体发热量增大，从而使得体温偏高

（10）服装吸收了汗液后，服装热阻如何变化？（　　）

A 热阻增加　　B 热阻降低

C 热阻先降低后升高　　D 热阻先升高后降低

（11）人体的发热量会随着________的上升而________。（　　）

A 活动强度，上升　　B 空气湿度，上升

C 空气温度，上升　　D 空气温度，下降

（12）冬季室外温度达到-2℃，相对湿度达到 98%，人在室外会感到（　　）。

A 很冷，因为空气的相对湿度高，导致服装热阻下降

B 皮肤干燥，因为空气含湿量太低

C 气闷，因为太潮湿

D 没有什么特别的感觉，因为湿度对热感觉的影响很有限

（13）夏季潮湿的空气环境导致人感到闷热的原因是（　　）。

A 空气密度增加导致气压高，使人感到呼吸不畅

B 皮肤湿润度的增加带来黏滞感

C 大气压力降低，从而使人感到气闷

D 高湿度导致人体散热量降低，所以感到闷热

(14) 在30℃的空气环境中，人体的发热量与在22℃的空气环境中相比（ ）。

A 更多，因为人体出汗蒸发促进散热

B 更多，因为高温会导致人体代谢率增加

C 更少，因为皮肤与空气的温度减少了

D 变化不大，因为发热量主要取决于人体的活动量

(15) 夏季潮湿的空气环境导致人体不舒适的原因是（ ）。

A 高湿导致皮肤湿润度增加带来黏滞感，使人感到不舒适

B 高湿度导致大气压力降低，从而使人感到不适

C 高湿度导致人体热量散不出去，因而使人感到闷热

D 高湿度导致人体的汗出不来，因而使人感到闷热

(16) 稳态环境的人舒适性的评价指标与动态热环境的指标不同的原因是（ ）。

A 与变化的动态的热环境相比，人们更喜欢稳定的热环境

B 动态热环境下核心温度与外层温度不同，且人体对冷刺激比热刺激更敏感

C 人们不喜欢偏冷偏热的环境，所以对变化的热环境很敏感

D 人体在动态热环境中舒适性难以在人工气候室中测试出来

(17) 不满意百分比常用（ ）来简写。

A PPD B RWI

C HDR D HSI

(18) 在北京，冬季室外空气湿度偏高90%，会产生的影响是（ ）。

A 气闷，因为空气密度增加导致大气压力增加

B 更冷，因为服装会变潮湿导致服装热阻下降

C 会变得比较暖和，因为汗液蒸发减少会导致散热减少

D 导致感觉干燥，因为空气含湿量低

(19) 空气温度超过37℃，人体就无法散热了，必然危及健康和生命

安全对不对？（　　）

A 对，因为空气温度比人的体温高，所以不能往外散热

B 对，因为空气温度比人的体温高，所以会反向传热

C 不对，可以通过提高风速来强化传热

D 不对，人体可以通过排汗进行潜热散热

（20）人体的皮肤蒸发散热量与下述哪个因素无关？（　　）

A 环境空气的水蒸气分压力

B 皮肤表面的水蒸气分压力

C 服装的潜热换热热阻

D 出汗量

（21）人体的代谢率最主要的是取决于人的（　　）。

A 所在环境的温度　　B 性别和年龄

C 肌肉活动强度　　D A 和 C

（22）能够反映同一稳态环境下大多数人的热感觉指标是（　　）。

A PMV　　B PPD

C WCI　　D HSI

（23）（　　）是指一个假设的等温围合面的表面温度，它与人体间的辐射热交换量等于人体周围实际的非等温围合面与人体间的辐射热交换量。

A 平均辐射温度　　B 操作温度

C 工作温度　　D 环境温度

（24）$1\text{met}=58.2\text{W/m}^2$，即成年男子（　　）时的代谢率。

A 步行　　B 办公室工作

C 静坐　　D 未进早餐前，保持清醒

（25）人体各部位的冷点数目（　　）热点。

A 明显多于　　B 明显少于

C 略微多于　　D 略微少于

（26）P. O. Fanger 的研究结论认为：IAQ 随空气焓值的降低而（　　）。

A 提高　　B 降低　　C 不变

（27）为计算平均皮肤温度，Ramanathan（1964）提出的四点模型不包括下面哪一点的皮肤温度？（　　）

A 上臂　　B 下臂

C 大腿　　D 小腿

3. 判断题

(1) 人体热平衡公式为：$M-W-C-E-R=S$。 (　　)

(2) 热感觉是人对周围环境是“冷”还是“热”的主观描述。人直接感受的是环境温度。 (　　)

(3) 地板温度过高过低均会引起人们的不满，地面温度是否舒适只与温度有关与地板材料无关。 (　　)

(4) 人体在没出汗时，不存在皮肤蒸发散热量。 (　　)

(5) 当环境温度越低，人体周围的风速越高，人体步行的速度越慢，所需的舒适服装热阻越大。 (　　)

(6) 人处于热舒适时，人体热平衡方程的人体蓄热率为零。 (　　)

(7) 只要温度的变化率很低，人体就感觉不到温度的变化。 (　　)

(8) 人体的机械效率很高。 (　　)

(9) 调节体温的中枢主要在下丘脑。 (　　)

(10) 空调负荷计算时，往往把人体的机械效率视为0。 (　　)

(11) PMV 指标代表的是在某个热湿环境下绝大多数人的热感觉。 (　　)

(12) PMV = 1 时，表示人体的热感觉是稍暖。当 PMV = 0 时，其 PPD 是0%。 (　　)

(13) PMV 指标适用于非稳态热环境的评价。 (　　)

4. 名词解释

(1) 热应力指数；

(2) PMV；

(3) 服装热阻；

(4) 风冷却指数；

(5) 热损失率 HDR；

(6) 基础代谢率；

(7) 有效温度；

(8) 服装面积系数；
(9) 新有效温度 ET*；
(10) 人体热平衡方程。

5. 简答题

(1) 在 Fanger 教授提出的热舒适方程中，影响人体热舒适的因素有哪些？说明什么是 PMV 和 PPD，画出他们的关系曲线图，并加以说明。
(2) 空气湿度高，人就一定会觉得热，对不对，为什么？
(3) 在评价室内稳态热环境的各指标中，哪个指标用得最广泛，主要用于哪些国家？
(4) 热舒适指标 PMV 和 PPD 之间既然有定量关系，可否互相替代？即热环境评价中可否仅给出 PMV 指标？
(5) 什么是热感觉，什么是热舒适？当热感觉处于“中性”时，能达到热舒适吗？试举例说明。
(6) 人的代谢率主要是由什么因素决定的？人的发热量和出汗率是否随环境空气温度的改变而改变？
(7) “冷”“热”是什么概念？单靠环境温度能否确定人体的热感觉？温度在人体热舒适中起什么作用？
(8) 某办公室设计标准是干球温度 26℃，相对湿度 65%，风速 0.25m/s，如果最低只能使温度达到 27℃，相对湿度仍然为 65%，有什么办法可以使该空间能达到与设计标准同等的舒适度？
(9) HSI、WCI 与 PMV、PPD 在应用上有什么区别？
(10) 动态热环境与稳态热环境对人的热感觉影响有何差别，原理是什么？
(11) 人体体温调节系统的主要功能是什么，靠什么调节，调节方法是什么？
(12) 在偏热的环境中湿度在人体热舒适中起什么作用？
(13) 服装吸收了汗液后，热阻如何变化？
(14) 请叙述 PMV 的定义、理论依据、适用性和局限性。

(15) 人体的能量代谢率受哪些因素的影响，规律如何？
(16) 为什么要有 TSV 和 TCV 两种人体热反应评价投票？
(17) 一般舒适性空调的设计温度有 3℃ 的范围，而相对湿度约有 20%，其理论依据是什么？
(18) 试分析人体处于非热平衡时的过渡状态时是否适用热舒适方程，其热感觉描述是否适用 PMV 指标，以及 PMV 在描述偏离热舒适状况时的局限性。
(19) 37℃ 是不是一定就会影响健康危及生命？
(20) 在偏热的环境中，一个房间的湿度越大，人们就感觉温度越高，这种说法是否正确？请通过分析说明理由。
(21) 夏季室外 33℃，相对湿度 60% 和冬季室外 -2℃，相对湿度 85%，人会觉得哪种情况更干燥，为什么？
(22) 在偏暖的环境中人体皮肤还没有被汗液全部润湿的时候，如果增加空气的湿度会使人感到闷热，是不是因为人体的散热量减少而导致的？

6. 思考题

(1) 从人体热舒适角度出发来对比地板辐射采暖和散热器采暖的热舒适和节能效果？
(2) 人体感到热舒适的充分和必要条件是什么，舒适程度受哪些主要因素影响？
(3) 人体的发热量是否随环境空气温度的改变而改变？
(4) 动态热环境与稳态热环境对人的热感觉影响有何差别，原理是什么？
(5) 你自己对“舒适”和“中性”之间的关系有何切身体会？
(6) 国外常用带内电热源 manikin（人体模型）做热舒适实验，manikin 的发热量由输入的活动强度决定，材料的导热系数与人体肌肤基本相同。实验时测量皮肤温度来确定人体的热舒适度。这种做法有什么局限？
(7) 一座有空调的电影院，夏天空气温度维持在 22℃，观众穿短衫、短裤和凉鞋感到很舒适；而冬天维持在 23.8℃，原来的观众却要穿长袖衫厚衣裤才感到舒适，为什么？

(8) 某工作人员打扫房间（能量代谢率 2.0met），衣着 0.5clo，室内风速 0.2m/s，相对湿度 50%，室内温度与平均辐射温度相同均为 22℃。问这种状态下人是否舒适，为达到舒适可调整哪些参数？请给出调整后的取值。

(9) 空调房间中，人的舒适感主要受哪些环境客观因素的影响？请叙述 ASHRAE 是如何采用不满意率控制这些因素影响的？

(10) 试分析高温高湿与低温高湿环境下人体的热感。

四、参考答案

1. 填空题

(1) 平均辐射温度；操作温度；对流换热系数；对流质交换系数。

(2) 空气湿度；垂直温差；吹风感；辐射不均匀性。

(3) 干球温度；湿度；空气流速；静止饱和空气。

(4) 对流；辐射；蒸发。

(5) 人体能量代谢率 M；人体周围空气温度 t_a；人体周围水蒸气分压力 p_a；环境平均辐射温度 t_r；服装热阻 I_{cl}；风速 v。

(6) 同一环境下大多数人的感觉；人群对热环境不满意的百分数。

(7) 活动强度。

(8) 0。

(9) 小。

(10) 0。

(11) 适中；5%。

(12) 人体所不希望的局部降温。

(13) 人体运动强度（即代谢率）。

(14) 处于热平衡状态；具有舒适皮温；最佳排汗率。

(15) 调节皮肤表层的血流量；调节排汗量；提高产热量。

(16) 不“冷”不“热”；最低。

2. 选择题

(1)～(5)：D A D D A；(6)～(10)：C B A B B；(11)～(15)：A

A B D A；(16)~(20)：B A D D D；(21)~(25)：C A A C A；(26)~(27)：A B

3. 判断题

(1)~(5)：√ × × × ×；(6)~(10)：√ × × √ √；(11)~(13)：√ × ×

4. 名词解释

(1) 热应力指数：假定皮肤温度恒定在35℃，在蒸发热调节区内，认为所需要的排汗量 E_{req} 等于代谢量减去对流和辐射散热量，不计呼吸散热，则热应力指数为：

$HIS=E_{req}/E_{max}\times 100$，该指数在概念上与皮肤湿润度相同。

(2) PMV：预期平均评价，代表了同一环境下绝大多数人的感觉，用来评价一个热环境舒适与否。

(3) 服装热阻：指的是服装本身的显热热阻，常用单位是 $m^2\cdot K/W$ 和clo，两者关系 $1clo=0.155m^2\cdot K/W$。

(4) 风冷却指数：寒冷的气候中，影响人体热损失的主要因素是空气流速和空气温度，风冷却指数是将这两个因素综合成的一个单一的指数。

(5) 热损失率HDR：表示人体在较冷的环境中，平均皮肤温度为舒适皮肤温度下限时的净热损失速率，即负的人体蓄热率。

(6) 基础代谢率：临床上规定未进早餐前，保持清醒静卧半小时，室温条件维持在18~25℃之间测定的代谢率叫做基础代谢率。

(7) 有效温度：干球温度、湿度、空气流速对人体的温暖感或冷感影响的综合数值，该数值等效于产生相同感觉的静止饱和空气的温度。

(8) 服装面积系数：人体着装后的实际表面积与人体裸身表面积之比。

(9) 新有效温度 ET^*：同样着装和活动的人，在某环境中的冷热感与在相对湿度为50%的空气环境中冷热感相等，则后者所处环境中的空气干球温度就是前者的 ET^*。

数值上等于：对 0.6clo 服装、静坐在流速 0.15m/s 空气中的人进行热舒适实验，并采用相对湿度为 50%的空气温度作为与其冷热感相同环境中的等效温度而得出的。

新有效温度的概念改变了有效温度过高估计湿度在低温下对凉爽和舒适状态的影响缺陷，把皮肤湿润度的概念引进来，适用于着装轻薄、活动量小、风速低的环境。

（10）人体热平衡方程：

$$M-W-C-R-E-S=0$$

式中 M——人体能量代谢率，W/m^2；

W——人体所做的机械功，W/m^2；

E——蒸发散热，包括汗液蒸发和呼出水蒸气所带走的热量，W/m^2；

R——对流换热，W/m^2；

C——辐射换热，W/m^2；

S——人体蓄热，W/m^2。

5. 简答题

简答题（1）：影响人体热舒适的因素有：人体新陈代谢率 M，空气温度 t，空气水蒸气分压力 p_a，室内平均辐射温度 $\bar{t}$，服装热阻 l_{cl}，空气速度 v。

预测平均评价 PMV 指标就是引入反映人体热平衡偏离程度的人体热负荷 TL 而得出的，其理论依据是当人体处于稳态的热环境下，人体热负荷越大，人体偏离热舒适的状态就越远。即人体偏离热负荷正值越大，人体就越感觉到热，负值越大，人体感觉越冷。

由于 PMV 指标代表了同一环境下绝大部分人的感觉，但是人与人之间存在生理差别，因此 PMV 指标不一定能够代表所有人的感觉。因此 Fanger 又提出了预测不满意百分数 PPD 指标又来表示人群对热环境不满意的百分数。

从图 4-1 中可以看出，当 PMV=0 时，PPD 为 5%。即意味着在室内热环境处于最佳的热舒适状态时，仍有 5%的人感觉到不满意。PMV 的绝对值越大，即人体偏离热平衡越远，预测不满意率 PPD 的值越高。

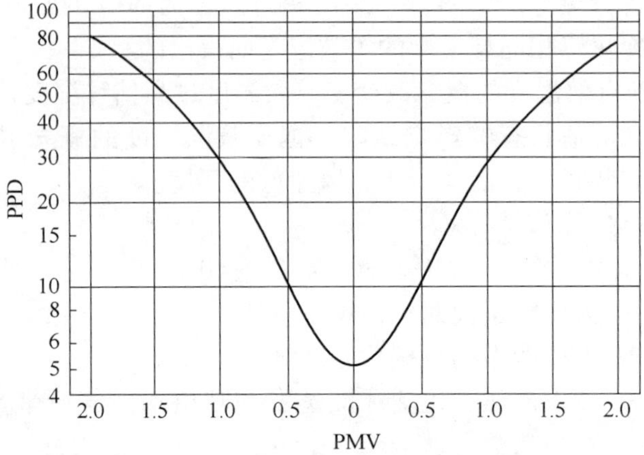

图 4-1 PMV 与 PPD 的关系图

简答题（2）：在偏热环境下湿度越高越觉得热，但在偏冷环境下高湿度会使得服装变得潮湿，服装热阻降低，增加人的冷感。

简答题（3）：有效温度、新有效温度、预测平均评价 PMV 和预测不满意百分比 PPD。有效温度和新有效温度用于美国，而预测平均评价 PMV 和预测不满意百分比 PPD 用于国际热舒适标准中，欧洲、美国、中国等国都使用了该指标评价室内热环境。

简答题（4）：热舒适指标 PMV 和 PPD 二者之间有定量关系，不能互相替代。

因为预测平均评价 PMV 和预测不满意百分比 PPD 的物理意义不同，预测平均评价 PMV 是指在一均匀稳态的热环境中，人体对热环境的热感觉的 7 级投票的平均值（即认为人体生理无个体差异），其代表了同一环境下大多数人的感觉。而预测不满意百分比 PPD 是考虑人的个体间的生理差异，该指标用于表示人群对热环境不满意的百分数。虽然通过概率统计方法可以给出热舒适指标 PMV 和 PPD 之间的定量关系，但由于二者表示的物理意义不同，故热环境评价中如果仅给出 PMV 指标不够全面，应该同时给出热舒适指标 PMV 和 PPD。

简答题（5）：热感觉是人对周围环境冷或热的主观描述。热舒适是人体对热环境表示满意的意识状态。一种观点认为：当热感觉处于“中性”时，就等同于热舒适，如 Fanger 等均认为“热舒适”指的是人体处于不冷不热的“中性”状态，即认为“中性”的热感觉就是热舒适，再如 Bedford 标度就将热感觉和热舒适合二为一。另一种观点认为热感觉与热舒适不同，即认为热舒适是随着热不舒适的部分消除而产生的，当热感觉处于“中性”时，并不一定能得到热舒适的快感。例如，人在稍凉的海水里游泳时会感到很惬意，很舒适，但这时的人体处于稍凉的温度，而不是处于中性温度，即其热感觉为“稍凉”而不是“中性”。再如，体温较低的人进入较热的水中会感到舒适或愉快，但其热感觉评价应该是“暖”而不是“中性”。目前普遍采用的 ASHRAE 七点标度就将热感觉与热舒适分开了，该标度仅用于评价热感觉。

简答题（6）：人体的代谢率受多种因素的影响，如肌肉活动强度、环境、温度、性别、年龄、神经紧张程度、进食后时间的长短，当活动强度一定时，人体发热量中显热和潜热的比例是随着空气温度的改变而改变的，环境空气温度越高，人体的显热散热就越小，潜热散热量就越大，所以人体的发热量不随空间的温度改变而改变，但出汗率随空气温度的升高而增大。

简答题（7）：“冷”“热”是人对于位于自己皮肤表面下的神经末梢的温度的感觉。人对“冷”“热”的主观描述为热感觉，当人体皮肤层的温度感受器受到冷热刺激时就会产生冲动，发出脉冲信号，形成“冷”“热”的感觉。

单靠环境温度不能确定人体的热感觉，因为热感觉并不仅仅是由于冷热刺激的存在所造成的，而与刺激的延续时间以及人体原有的热状态都有关。皮肤温度和人体的核心温度对热感觉也有影响。

空气温度能改变皮肤的湿润度，即增加皮肤的“黏着性”。在皮肤没有完全湿润的情况下，空气湿度的增加就不会减少人体的实际散热量而造成热不平衡，人体的核心温度不会上升，所以在代谢率一定的情况下排汗量不会增加，但由于人体单位表面积的蒸发换热量下降会导致蒸发换热面积增大，从而增加皮肤湿润度，导致热不舒适感。

简答题（8）：可通过适当提高风速，加快室内空气的流动，从而使空间达到与设计标准同等的舒适度。

简答题（9）：热应力指数 HSI 的目的在于把环境变量综合成一个单一的指数，用于定量表示热环境对人体的作用应力。风冷却指数 WCI 是把空气流速和空气温度两个因素合成一个单一的指数，是表示在皮肤温度为 33℃时的皮肤的冷却速率，用来评价人体的热损失。HSI 和 WCI 是在具有热失调环境下作为生理的应变指标，来对这种环境进行评价。而 PMV、PPD 是适合用于稳态的热环境中的评价指标，是在热湿环境中用来预测热感觉或主观热舒适度。

简答题（10）：动态热环境中皮肤温度与热感觉存在分离现象。热感觉会出现滞后或超越现象。

人体在温度出现分跃变化时，皮肤温度和热感觉的变化有一个过渡过程，皮肤温度的变化由于热惯性的存在而滞后。热感觉的变化能马上发生，即皮肤温度的变化率产生了一种附加热感觉，而这种感觉能掩盖皮肤温度本身引起的不舒适感。

简答题（11）：体温调节的主要功能是将人体的核心温度维持在一个适合于生存的较窄的范围内，主要靠神经调节和体液调节来实现，调节体温的中枢主要是下丘脑，下丘脑前部的作用是调动人体的散热功能，下丘脑的后部执行着抵御寒冷的功能，其调节方法包括调节皮肤表层的血流量，调节排汗量和提高产热量。

简答题（12）：在偏热的环境中人们需要出汗来维持热平衡，空气湿度的增加并不能改变出汗量，但能改变皮肤的湿润度。因为此时，只要皮肤没有完全湿润，空气湿度的增加就不会减少人体的实际散热量而造成热不平衡，人体的核心温度不会上升，所以在代谢率一定的情况下排汗量不会增加。但由于人体表面的蒸发换热量下降导致蒸发换热的面积增大，增加人体的湿表面积，即增加了皮肤的湿润度。皮肤湿润度的增加被感受为皮肤黏着性增加而导致了热不舒服感。

简答题（13）：服装吸收了汗液后：

1）热阻增加。一方面服装对皮肤表面的水蒸气扩散有一个附加的阻力；另一方面服装吸收部分汗液，使得只有剩余部分汗液蒸发冷却皮肤。

2）热阻减少。一方面衣服潮湿导致导热系数增加；另一方面在显热传热基础上增加了潜热换热。总的来说服装吸收了汗液后，热阻降低，会使人感觉凉快。

简答题（14）：1）定义：引入反映人体热平衡偏离程度的热负荷，得出的一个代表同一环境下绝大多数人热感觉的概念，采用7级分度。

2）理论依据：人体处于稳态的热环境下，人体的热负荷越大，人体偏离热舒适的状态就越远。即人体负荷正值越大，人就会觉得越热；负值越大，人就会觉得越冷。

3）适用性：适用于稳态热环境中的人体热舒适评价。

4）局限性：不适用于动态热环境（或过渡热环境）的热舒适评价；不适用于人体较多偏离于热舒适的情况；不能代表所有人的感觉。

简答题（15）：人体的能量代谢率受以下因素影响：1）人体的肌肉活动量，活动量大代谢率高；2）性别，男性高于女性；3）年龄，年龄大者代谢率低；4）环境温度，静卧在一定温度如22.5～35℃时人体的代谢率基本不变，但低于或高于这个范围时，代谢率将会提高；5）进食后的时间长短，进食后代谢率提高，并延续5～8h；6）精神紧张程度，精神紧张代谢率高。

简答题（16）：TSV是热感觉投票指标，TCV是热舒适投票指标。热感觉与热舒适两者有联系，但并不相同。热感觉是人生理上的感觉，热舒适是人心理和生理上的感觉，热感觉与热舒适有分离的现象存在，所以必须有两种投票，不能相互替代的。

简答题（17）：一般舒适性空调的设计温度有3℃的范围是按照热Fanger的热舒适理论建立起来的，当PPD指标小于等于10%时，所允许的温度波动范围是不超过±1.5℃；同样在其他因素一定时，PPD指标小于等于10%时，对应所允许相对湿度约是20%。

简答题（18）：人体处于非热平衡时的过渡状态时不适用热舒适方程，热舒适方程是P. O. Fanger于1982年提出来的，该方程的前提条件是：第一，人体必须处于热平衡状态；第二，皮肤平均温度应具有与舒适相适应的水平；第三，为了舒适，人体应具有最适当的排汗率。所以非热平衡时的过渡状态是不适用热舒适方程的。

PMV 指标是引入反映处于稳态的热环境下，人体热平衡偏离程度的人体热负荷 TL 而得出的，所以 PMV 指标不适用于过渡状态的热感觉。

PMV 计算式是假定人体保持舒适条件下的人体的平均皮肤温度 t_{sk} 和出汗造成的潜热散热 E_{rsw}，因此当人体较多偏离舒适的情况下，如在“热”或“寒冷”状态下，PMV 的预测值也是有较大偏差的。

简答题（19）：不一定。皮肤温度为 29~37℃，生理性体温范围是 35~40℃。

简答题（20）：不正确。在偏热的环境中人体需要出汗来维持热平衡，空气湿度的增加并不能改变出汗量，但却能改变皮肤的湿润度。因为此时，只要皮肤没有完全湿润，空气湿度的增加就不会减少人体的实际散热量而造成热不平衡。在偏热的环境中湿度大，是由于皮肤黏着性增加导致在房间内的人体皮肤的不舒适，人的心里感觉闷，而导致觉得热舒适感差，并不是实际上的人体感觉温度高。

简答题（21）：冬季觉得干燥。$D_{夏} = 19.2$g/kg 干空气，$D_{冬} = 2.7$g/kg干空气。

简答题（22）：不是。只要皮肤没有完全湿润，增加空气湿度就不会减少人体的实际散热量。在偏热环境中湿度增加，由于皮肤黏着性增加导致人体不适，感觉闷热。

第五章　室内空气品质

扫码做题

一、大纲要求

（1）熟悉室内空气污染源的种类特性和污染途径；

（2）掌握室内空气品质对人的影响及评价方法；

（3）掌握室内空气污染控制原理。

二、主要考点、知识点及难点解析

1. 室内空气品质产生的主要原因

室内空气环境是人们接触最频繁的环境。

（1）室内污染物增多：燃料消耗量、化工产品品种、建筑材料品种增多，室内新型建材、人工装饰合成家具的大量使用，氡、苯、甲醛等有机化合物（VOC）及尘螨等；

（2）为了减少空调采暖能耗，建筑物密闭程度增加；

（3）空调系统净化过滤的薄弱：军团菌等的繁殖；

（4）节能设计引起的新风量减少和大楼的密封设计：CO_2 浓度的上升与供氧量的不足；

（5）大量办公用品的使用：VOC 蒸气、NO_x、CO_x、辐射污染增加。

2. 室内空气污染的来源（见图 5-1）

3. 改善室内空气品质的方法

堵源，节流，稀释

（1）工程处理：自然通风或机械通风增加空调系统新风量；

（2）提高能源利用率，适当考虑室内密封；

（3）提高空调系统维护管理意识，随时更换系统设备；

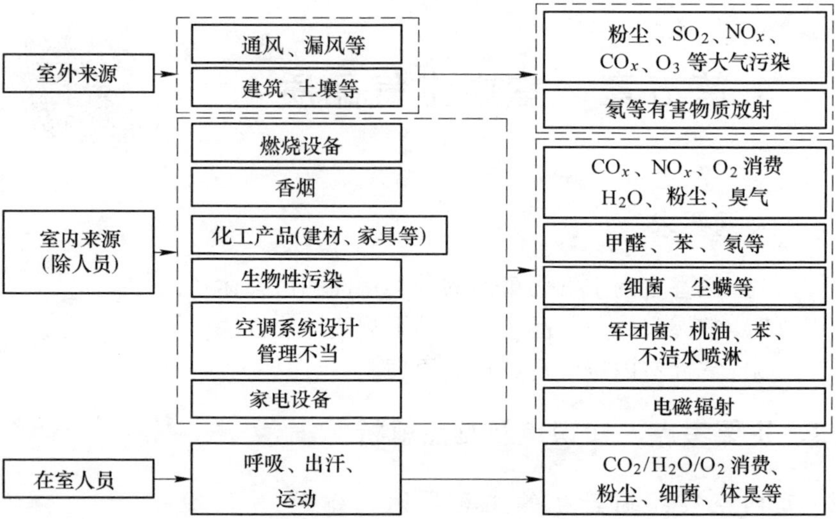

图 5-1　室内空气污染的来源

（4）加强室内气流组织的合理布局，使优质空气及时到达居住域；

（5）减少室外污染源。

4. 室内空气污染控制方法

（1）光催化纳米材料——TiO_2；

（2）空气过滤去除悬浮颗粒物；

（3）空气离子化；

（4）喷洒某种化学消除剂——但要注意副作用；

（5）植物控制方法；

（6）甲醛：金边虎尾兰、芦荟、常青藤、垂挂兰等。

三、本章习题

1. 填空题

（1）可吸入尘粒是指________的颗粒。

(2) 现代室内空气品质恶化，主要引发________、________和________三种病症。

(3) 一般常见的污染物种类有________、________、________。

(4) 活性炭净化方式属于________净化。

(5) ASHRAE62—1989《满足可接受室内空气品质的通风》给出良好的室内空气品质应该是：____________________。

(6) ASHRAE 提出的新通风标准的最小新风量不仅与____________有关，还和建筑物所需____________有关。

(7) 为了保护和改善室内空气品质，一般采取________、________和________三个大的方面的措施。

(8) 影响室内空气品质的污染源从性质上可分为________、________和________。

2. 选择题

(1) 在生产过程中，工业有害物危害人体最主要的途径是经过（　　）进入人体。

A 皮肤　　B 呼吸道

C 消化道　　D 血液

(2) 住宅室内空气污染物游离甲醛的浓度限值是下列何项？（　　）

A $\leqslant 0.5mg/m^3$　　B $\leqslant 0.12mg/m^3$

C $\leqslant 0.08mg/m^3$　　D $\leqslant 0.05mg/m^3$

(3) 关于活性炭的特性，下列哪项叙述错误？（　　）

A 空气湿度大，可吸附的负荷降低

B 被吸附的物质浓度越高，吸附量越高

C 吸附量随温度升高而上升

D 对环乙烷的吸附效果不如对苯的吸附效果

(4) 建筑的新风换气标准是根据（　　）而制定的。

A 排除污染物所需的新风量

B 人体呼吸所需的氧气量

C 保证风平衡

D 房间的空间体积

（5）常用 CO_2浓度来作为室内空气品质的衡量指标，是因为如果 CO_2 浓度超标（　　）。

A 表征了室内散发的 VOC 也超标，影响人体健康

B 会使人中毒

C 会导致氧气浓度下降而使人窒息

D 表征了人体散发的污染物会影响感知空气品质

（6）高效过滤器对以下哪种污染物能发挥作用？（　　）

A VOCs　　B 氡

C 病毒　　D 臭氧

（7）以下什么条件下用 CO_2来评价室内空气品质是适合的？（　　）

A 有大量 VOC 散发的新装修房间

B 人员聚集的场所

C 非禁烟的公共场所

D 高档酒店客房

（8）人体实际消耗新鲜空气量不到每人 $1m^3/h$，但新风量标准往往是每人 $20m^3/h$ 以上，为什么？（　　）

A 因为要降低 VOC 的浓度，所以要加大新风量

B 因为气流分布不均匀，所以要避免局部的氧气含量偏低

C 因为需要控制室内空气中人体代谢污染物的浓度不超标

D 因为 CO_2，对人体有害，所以要尽量降低其浓度

（9）在有人的房间里除去有害微生物的合理方法是（　　）。

A 在房间里释放臭氧

B 在房间里用紫外线灯照射

C 用活性炭进行吸附

D 在循环送风系统里加高效过滤器

（10）（　　）表征室内污染源的强弱。

A 感知负荷

B 气味强度

C 感知空气品质

D 可识别阈值

（11）暴露评价指对暴露人群中（　　）的人体危害进行分析和评估。

A 发生或预期将发生

B 发生

C 预期将发生

D 已经发生过的

（12）病态建筑综合症的原因很大可能是（　　）。

A 地毯　　B 办公室人员过多

C 使用显示器　　D 空调

（13）下列污染物中，（　　）不是有机挥发物 VOC。

A 甲醛　　B 甲苯

C 四氯化碳　　D 氨

（14）《民用建筑室内污染环境控制规范》规定：I 类民用建筑中游离甲醛的浓度不超过（　　）mg/m^3。

A 200　　B 0.08

C 0.09　　D 0.12

（15）室内空气品质的评价方法主要是（　　）。

A 人们对空气满意

B 污染物浓度不超标

C 遵循卫生标准

D 主客观评价相结合的方法

3. 判断题

（1）室内空气污染物中二氧化硫、氮氧化物是来自室外，甲醛主要是从室内装饰材料、家具的胶粘剂中释放而来，二氧化碳主要是人体所产生。（　　）

（2）良好的室内空气品质的定义是“空气中没有已知的污染物达到公认的权威机构所确定的有害浓度指标，且处于这种空气中的绝大多数人（≥ 80%）对此没有表示不满”。（　　）

（3）室内空气品质和室内环境品质是等同的概念。（　　）

（4）室外大气受污染后也会影响室内空气的质量。（　　）

（5）家用空调中的活性炭能长期有效地净化室内有害气体。（　　）

（6）可感阈值是指一定比例人群（一般为 50%）能将这种气味与无

味空气以某种已知区别区分开的气味浓度。 (　　)

(7) 甲醛是室外污染物，挥发性有机物 VOC 来源于室内。 (　　)

4. 名词解释

(1) 可接受的感知室内空气品质；
(2) 可接受的室内空气品质；
(3) 感知负荷；
(4) 感知空气品质。

5. 简答题

(1) 说明什么是室内环境的主观评价与客观评价。对于一幢新建的建筑，指出其室内污染的主要污染物及其来源，并提出减少污染的措施。
(2) 请说明提高室内空气品质的途径和方法。
(3) 请说明家里铺设的地毯对室内空气品质如何影响，地毯使用中应注意什么问题?
(4) 请说明用纳米光催化处理室内有机挥发物的优点和缺点，在什么情况下应采用通新风方式，在什么情况下应用纳米光催化空气净化方式?
(5) 试述为何要研究室内空气的品质，为保持良好的室内空气品质，我们建环工作者主要做哪些工作?
(6) 说明过滤器处理空气中颗粒污染的工作原理，并指出各原理适用的颗粒直径。
(7) 室内空气品质产生的原因有哪些?
(8) 新通风标准 ASHRAE Standard 62—1989R 中最小新风量与哪些因素有关? 该标准有何现实意义?
(9) 室内空气品质问题产生的主要原因是什么?
(10) 衡量室内空气品质为什么用 CO_2 做标准?

6. 思考题

(1) 为什么要引入新的通风标准?

（2）室内空气污染的来源有哪些？

（3）如何根据卫生标准来确定换气量？

（4）请简述室内空气品质的定义及演变过程。在室内空气品质评价中，客观评价常用的评价指标有哪些？

四、参考答案

1. 填空题

（1）直径小于10μm。

（2）病态建筑综合症（SBS）；建筑相关疾病（BRI）；多种化学污染物过敏症（MCS）。

（3）物理污染；化学污染；生物污染。

（4）物理。

（5）空气中没有已知的污染物达到公认的权威机构所确定的有害浓度指标，且处于这种空气中的绝大多数人（≥80%）对此没有表示不满意。

（6）室内人数；通风面积。

（7）源头治理；通新风稀释和合理组织气流；空气净化。

（8）化学污染；物理污染；生物污染。

2. 选择题

（1）~（5）：C C C A D；（6）~（10）：C B C B A；（11）~（15）：A D D B D

3. 判断题

（1）~（5）：√ √ × √ ×；（6）~（7）：× ×

4. 名词解释

（1）可接受的感知室内空气品质：空调房间中绝大多数人没有因为气味或刺激性而表示不满。

（2）可接受的室内空气品质：空调房间中绝大多数人没有对室内空

气表示不满意，并且空气中没有已知的污染物达到了可能对人体健康产生威胁的浓度。

（3）感知负荷：表征室内污染源的强弱，单位为 olf，被一个标准人引起的感知污染负荷被称为 1olf，而其他类型的人或者家具等污染源均被等效为不同数量的标准人，表征成标准人后不同的污染源可以进行简单的叠加。

（4）感知空气品质：表示在一定的通风量情况下人对室内污染源的感觉，其单位为 pol，1pol 表示在一个空间内，1olf 的感观负荷的源，在通风量 1L/s 下的感知空气品质。

5. 简答题

简答题（1）：主观评价是指用人的主观感受来评价室内环境，例如以人对室内的冷热、潮湿或干燥感觉等来评价室内的热环境，以气味等来评价室内的空气品质。由于人对室内空气品质最敏感的是嗅觉，因此一般主观评价室内空气品质主要靠嗅觉；客观评价是指利用仪器对影响室内环境的污染物进行测量，从而进行评价。由于主观因素的限制，例如对人体有害的某些污染物并不能通过人体的嗅觉感知，因此，主观评价并不能对室内环境做出正确而全面的评价，需要借助一定的仪器来检测室内环境中的污染物浓度，得出房间的环境品质，从而对其做出评价。

对于一幢新建的建筑，其室内污染的主要污染物是甲醛、甲苯、二甲苯等芳香族化合物，纤维材料，氨，氡，这类污染物主要来自建筑装修或者装饰材料。

由于新建建筑的污染物种类比较多，且材料还在一直不停地释放污染物，从源头上减少污染的措施主要是应用不含或所含污染物少的建筑材料，从而减少污染物的产生，已建成的建筑可以通过自然或者机械通风引进新鲜空气，稀释房间内的污染物浓度，或者采用物理或化学的方法对室内空气进行处理。

简答题（2）：空气品质反映了人们的满足程度。现阶段主要用可接受室内空气品质和可接受的感知室内空气品质。前者定义为：空调中绝大多数人没有对室内空气表示不满意，并且空气中没有已知的污染物达到了可能对人体健康产生威胁的浓度。后者定义为空调空间中绝大多数人没有因为气体或刺激性而表示不满，它是得到可接受室内空气品质的必要非充分条件。方法和途径：1）污染物源头的治理：①消除室内污染源；②减少室内污染源的散发强度；③污染源附近局部排风。2）通新风稀释和合理组织气流：①以室内 CO_2 允许浓度为标准的必要换气次数量；②以氧气为标准的必要换气量；③以消除臭气为标准的必要换气量。3）净化空气：①过减器过减；②吸附净化法；③紫外灯杀菌；④臭氧净化法。

简答题（3）：纯羊毛地毯的细毛绒是一种致敏源，化纤地毯可释放甲醛、丙烯青和丙烯等 VOC，另外地毯的吸附能力很强，能吸附很多有害气体和病原微生物。纯毛地毯还是尘螨虫的理想滋生和隐蔽的场所。地毯使用应注意：保持干燥，除湿，还要经常清洗。

简答题（4）：优点：1）把有害的有机物降解为无害的无机物；

2）纳米光催化剂具备了更强的氧化还原能力，催化活性大大提高；

3）纳米粒子比表面积大，使粒子具有更强的吸附有机物能力。

缺点：1）会产生一些有害的中间产物；

2）材料的使用寿命较短；

3）适用范围不够广。

当室内空气质量不好时，如室内 CO_2 浓度高，O_2 浓度低或室内有臭氧时，同时室外空气质量比室内空气质量好时，采用通新风方式来改变室内空气质量，当室内空气中有较多有害有机物时，应采用纳米光催化的方式。

简答题（5）：一方面，为减少新风的能耗，很多建筑减少室内新风量；另一方面，由于人们 80% 的时间在室内，室内空气品质的好坏直接影响人们的工作效率和身体健康。目前已知，由于室内空气的不良引起了"病态建筑综合征"等问题，所以研究室内空气的品质是非常必要的。保持良好的室内空气品质要从四个方面着手：1）堵源，即减少污染源及污染物的排放量。如生产"绿色"环保产品，以及我们在室内装饰装修时选用没有污染或污染量小的产品。2）节流，我们需保证空调或通风系统正确设计，严格的运行管理和维护，避免由于空调因施工、运行导致的污染，如空调冷凝水的排泄不畅，空气过滤肮脏造成新风的污染，以及空气不分区导致污染严重的空气通过空调或通风系统污染空气质量较好的房间。3）稀释，通过保证足够的新风量或换气量，释放和排除室内气态污染物，我们在设计空调或通风系统时，必须考虑由于人或者其他原因造成的空气污染，合理选择正确新风量标准。4）清除，我们通过吸附或吸收的办法，把污染物分解成无毒的物质，如采用活性炭吸附甲醛和臭气，使用空气过滤器过滤悬浮颗粒，利用光催化纳米材料（TiO_2），分解 VOC，通过负离子发生器使室内空气清新等现代技术和材料达到去除污染物。

简答题（6）：扩散：粒径小于 0. 2μm。

中途拦截：粒径大于 0. 5μm。

惯性碰撞：粒径大于 0. 5μm。

筛子效果：粒径越大越好。

静电捕获：带电粒子。

简答题（7）：1）建筑物密闭性增强和新风量减少；

2）合成材料大量使用；

3）散发有害气体的电器产品大量使用；

4）空调系统的缺陷；

5）厨卫气流组织不合理；

6）室外空气污染。

简答题（8）：该标准的最小新风量与室内的面积和人数有关。该标准不仅考虑了人在室内造成的污染，也考虑了室内装修所引起的污染，它指导了我们在设计最小新风时，不能忽视室内装修或建筑所引起的污染。虽然国内没有相关的要求，但对于这一类污染比较严重的室内要适当加大新风量。

简答题（9）：室内空气品质问题产生的主要原因是：

1）强调节能导致的建筑密闭性增强和新风量减少；

2）新型合成材料在现代建筑中大量应用；

3）散发有害气体的电器产品大量使用；

4）传统集中空调系统的固有缺点以及系统设计和运行管理的不合理；

5）厨房和卫生间气流组织不合理；

6）室外空气污染。

简答题（10）：作为室内空气品质的衡量标准。因为此指标表征了人体散发的污染物会影响感知空气品质。

第六章　室内空气环境营造的理论基础

扫码做题

一、大纲要求

（1）了解通风的目的与方法；
（2）了解室内气流分布的描述参数；
（3）掌握气流组织的测量和计算方法。

二、主要考点、知识点及难点解析

1. 通风的任务与作用

（1）提供呼吸所需的新鲜空气；
（2）稀释室内气味和污染物，并排出室外；
（3）除去余热或余湿。

2. 自然通风

利用自然的手段（风压、热压等）将室外空气不经过空调处理就引入室内以达到维持室内空气舒适性的方法。

目的：（1）带入新风（保持室内空气品质）；
（2）带走热湿量（保持室内热舒适性）。

优点：（1）无能耗（建筑能耗占总能耗的30%）；
（2）空气品质好（机械通风空调：“病态建筑”）。

缺点：（1）不易控制（解决手段：进一步进行研究）；
（2）有时风量不足（解决方法：自然与机械通风结合）。

应用场合：（1）工业厂房（应用广泛）；
（2）无空调民用建筑（历史悠久）；
（3）空调建筑的过渡季节（越来越重视）；
（4）节能建筑（发展前景广）。

3. 自然通风的作用原理

（1）热压作用下的自然通风。

室内外压差：进风窗孔和排风窗孔两侧压差的绝对值之和与两窗孔的高度差 h 和室内外空气密度差有关。

$$\Delta p=\zeta\frac{v^2}{2}\rho$$

流量：

$$L=vF=\mu F\sqrt{\frac{2\Delta p}{\rho}}$$

余压：高于中和面的压力。余压可正可负，窗孔房间侧余压为正，窗孔排风，余压为负，窗孔进风。

中和面：内外压差为零，作为压力基准面。

（2）风压作用下的自然通风。

由于建筑物对室外空气的影响，使建筑物周围气流分布发生变化，静压发生变化，这种静压的升高与降低称为风压。风压与建筑物的几何形状、室外风向有关。

风向一定时，建筑物外围结构上某一点的风压值为

$$p_{\mathrm{f}}=K\frac{v_{\mathrm{w}}^2}{2}\rho_{\mathrm{w}}$$

（3）风压、热压同时作用的自然通风。

1）当室外温度低于室内温度时，则如果窗孔 b 与窗孔 a 同时开启，空气由 b 流出，室内静压降低，窗孔 a 空气流入，当两窗孔流量相同时室内静压保持稳定，这时就有自然风压作用下的风流流动。

2）当室外温度高于室内温度时，则如果窗孔 b 与窗孔 a 同时开启，空气由 b 流入，室内静压升高，窗孔 a 空气流出，当两窗孔流量相同时室内静压保持稳定，这时同样有自然风压作用下的风流流动。

4. 典型的送风形式

（1）混合通风；

（2）置换通风；

（3）个性化送风。

5. 气流分布的描述参数

（1）通风量；
（2）气流分布；
（3）空气龄。

6. 气流组织评价方法

（1）不均匀系数；
（2）测点 A 空气龄；
（3）换气效率；
（4）通风效率（排污效率）；
（5）能量利用系数。

三、本章习题

1. 填空题

（1）仅有热压作用的自然通风，当只有一个窗孔时，窗孔下部________风，中和面上________空气流动。

（2）把有害物全部密闭在罩内，由风机排出。这种排风罩是________。

（3）生产设备不能密闭时，可把排风罩设在有害物源附近，依靠风机在罩口的抽吸作用，把有害物吸入罩内。这种排风罩是________。

（4）空气龄是________。某点空气龄越小，说明空气越________。

（5）温度不均匀系数指的是测点温度的________与________之比。不均匀系数________，表示气流分布的均匀性越好。

（6）过滤器的工作原理：________、________、________、________、________。

（7）表征过滤器性能的主要指标有________、________、________。

（8）活性炭可作为吸附剂吸附有害气体主要在于它有很大

的________。

(9) 物理吸附最常用的吸附剂是________。

(10) 换气效率是指____________。

(11) 室内外压力差是由________和________两方面引起的。

(12) 常用的自然通风实现形式有____________、____________、________、________。

(13) 自然通风中，影响热压大小的因素主要包括________和________。

(14) 置换空调的换气效率、排污效率和余热排除效率分别是________、________和________。

(15) 仅在热压作用下，如果沿高度方向的门窗缝隙面积均匀分布，建筑的大中和面位于建筑物的____________处。

(16) 活塞流的空气入口处的空气年龄为________，房间的平均空气年龄为出口的________倍。

2. 选择题

(1) 民用建筑的厨房、厕所、盥洗室和浴室等，宜采用（　　）。

A 局部通风　　B 机械通风

C 自然通风　　D 全面通风

(2) 利用穿堂风进行自然通风的厂房，其迎风面与夏季最多风向宜成（　　）度角。

A 45°~60°　　B 小于 45°

C 大于 45°　　D 60°~90°

(3) 散发粉尘、有害气体或有爆炸危险物质的房间，应保持（　　）。

A 负压　　B 正压

C 正压或负压　　D 压力为零

(4) 进行置换通风设计时，房间内人员头脚处空气温差不应（　　）。

A 大于 1℃　　B 大于 3℃

C 小于 2℃　　D 小于 1℃

(5) 若已经求得单独控制下列有害物质所需的全面通风量分别为：HCl $20m^3/s$；HF $18m^3/s$；粉尘 $25m^3/s$；余热 $30m^3/s$，则当它们同时发生时的全面通风量应为（　　）m^3/s。

A 30　　B 55

C 93　　D 38

（6）工程中确定全面通风换气量最常用的方法是（　　）。

A 按照有害物散发量及进入有害物质的浓度进行计算

B 按建筑面积估算

C 按换气次数法计算

D 按有害物质的毒性估算

（7）热压的大小与（　　）无关。

A 室内外的温差

B 通风口的位置

C 通风口的形状和大小

D 两通风口之间的高差

（8）若室内空气平均温度为35℃，室外空气温度为25℃，则在高差为10m的两通风口之间形成的热压为（　　）Pa。（重力加速度取9.8m/s，20℃的空气密度为1.293kg/m^3）

A 2.82　　B 3.51

C 3.72　　D 4.05

（9）用（　　）能更好地描述室内空气的新鲜程度。

A 空气龄　　B 新风量

C 送风量　　D 换气次数

（10）下列（　　）气流形成的能量利用系数最高。

A 下送风上排气　　B 侧送风下排气

C 上送风上排气　　D 上送风下排气

（11）风压是指（　　）。

A 室外风的全压

B 室外风的静压

C 室外风的动压

D 室外风在建筑外表面造成的压力变化值

（12）单跨车间自然通风进排风窗面积与中和面的位置，下列哪一项正确？（　）

A 进风窗面积越大，中和面越靠近排风口
B 进风窗面积越大，中和面越靠近进风口
C 排风窗面积越大，中和面越靠近进风口
D 进排风口增加同样面积，中和面位置不变

（13）放散热量的工业厂房采用自然通风时，下列哪项错误？（　　）
A 主要考虑热压作用
B 充分利用穿堂风
C 利用穿堂风时，厂房迎风面与夏季最多风向宜成60°~90°角
D 计算自然通风时，考虑热压和风压的联合作用

（14）为保证车间有足够的通风量，通常在进行自然通风开口面积计算时，应考虑（　　）。
A 风压　　B 热压
C 气压　　D 风压和热压

（15）组织自然通风设计时可不考虑（　　）。
A 朝向　　B 建筑物间距
C 立面色彩　　D 建筑物的合理布置

（16）公共厨房、卫生间通风应保持（　　）。
A 正压　　B 负压
C 常压　　D 无压

（17）置换通风目前在中国得不到大规模应用的最主要的原因是（　　）。
A 严重浪费能源
B 工作区空气品质较差
C 现场施工及操作遇到问题多
D 设计人员素质不过关

（18）对污染源产生的工业有害物进行通风设计，经计算对每一种有害物设计的全面排风量分别为：粉尘$5m^3/s$；SO_2气体$3m^3/s$；余热$6m^3/s$，余湿$4m^3/s$。最低全面排风量应为多少？（　　）
A $18m^3/s$　　B $10m^3/s$
C $8m^3/s$　　D $6m^3/s$

（19）关于“大气污染物最高容许浓度”的叙述，下列哪一项不符合

规范规定？（　　）

A 指无处理设施后，排气筒污染物任何一小时浓度平均值不得超过的限制

B 指无处理设施后，排气筒污染物任何一小时浓度平均值不得超过的最大值

C 指处理设施后，排气筒污染物任何时刻浓度不得超过的限制

D 指处理设施后，排气筒污染物任何一小时浓度平均值不得超过的限制

（20）高层塔式住宅楼的上层单元为什么通风比较好？（　　）

A 因为有梯度风的存在，上部室外风速大

B 因为上层单元接受了更多太阳辐射，所以热压大

C 因为楼梯间的热压拔风作用促进通风

D 因为地面吸收太阳辐射而升温，促进了室外空气垂直流动

（21）用空气龄来评价室内气流分布，主要是因为它反映了（　　）。

A 室内空气的污染程度

B 室内气流场的均匀程度

C 室内空气的新鲜程度

D 室内气流组织的排污能力

（22）办公室内有一复印机和一人员工位。由于活塞流的空气龄最短，所以（　　）。

A 只有在没有其他污染源的时候才应该采用活塞流

B 只有在多重污染源共存的情况下才应该采用活塞流

C 不管室内如何布局，都应该采用活塞流

D 只有当复印机布置在人员的下游时才应该采用活塞流

（23）采用以下哪种指标可以用于评价室内各处的空气品质的优劣？（　　）

A 空气龄加排污效率　　B 空气龄加换气效率

C 空气龄　　D 排放效率与污染物年龄

（24）一般说来，下面哪种通风方式的余热排除效率最高？（　　）

A 下送上回　　B 上送上回

C 上送下回　　D 中送风

(25)（　　）是用新鲜空气置换原有空气的快慢与活塞通风下置换快慢的比值。

A 换气效率　　B 余热排除效率

C 置换效率　　D 空气扩散效率

(26) 室内污染物浓度处于稳定状态时，所需要的全面通风量不取决于（　　）。

A 室内污染物允许浓度

B 室外污染物浓度

C 室内污染物发生量

D 室内污染物浓度

(27) 夏季有空调的高层建筑，大楼的气流会如何流动？（　　）

A 从一楼的大门和底层的窗缝流入，从上层的窗缝渗出

B 从中间的门窗渗入，从底层和顶层的门窗流出

C 从上层的窗缝渗入，从一楼的大门和底层的窗缝流出来

D 没有纵向的流动

3. 判断题

(1)《采暖通风与空气调节设计规范》中规定，在实际计算时仅考虑风压的作用，热压一般不予考虑。（　　）

(2) 通风效率的高低与污染源所处室内的位置有关。（　　）

(3) 自然通风是在热压和风压的联合作用下形成的。（　　）

(4) 驻留时间+残留时间=空气龄。（　　）

4. 名词解释

(1) 热压；

(2) 中和面；

(3) 余压；

(4) 换气次数；

(5) 名义时间常数；

(6) 空气龄；

(7) 自然通风；

(8) 风压;
(9) 换气效率;
(10) 空气渗透;
(11) 气流组织。

5. 简答与分析题

(1) 如建筑外立面只有一个窗孔，室内气温高于室外气温时，热压通风存在吗？如存在，如何通风？
(2) 高层塔式住宅楼的楼上单元通风好还是楼下的单元通风好，为什么？
(3) 仅采用空气龄是不是就能评价室内各处的室内空气品质的优劣了，为什么？
(4) 室内有一个集中污染源，为了保证有比较好的室内空气品质，是不是采用活塞流比采用混合流的气流分布形式排污效果好？请用排污效率公式的概念来解释这个问题。
(5) 如图 6-1 所示，污染源为集中设置的 A，问排风口最佳布置位置（在图上画出其位置），并用通风效率（排污效率）来解释原因。

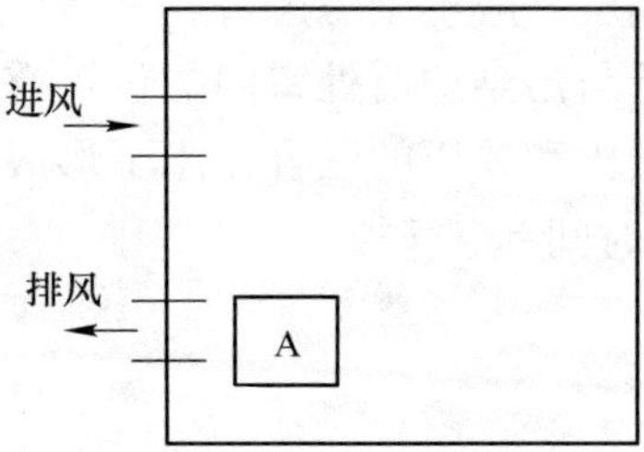

图 6-1　题（5）用图

(6) 在活塞风作用下，假设通风断面上的污染物浓度一样，试分析比较下列三种情况下的排空时间：1）污染源位于入口；2）污染源位于正中部；3）污染源位于出口处。
(7) 试分析上题所述三种情况下污染物年龄在空间中的分布，并与空气龄的分布进行对比。

(8) 稳态通风情况下，在空间均布的单位体积源作用时，室内污染物浓度的分布规律与房间空气龄的分布规律一样么?

(9) 气流组织的分布特性常用哪些参数来评价?

(10) 请说明空气龄的定义、表达式及物理意义，空气龄可以测量吗，为什么?

(11) 请说明自然通风的定义、特点及其优缺点，常见自然通风的形式有哪些?

6. 绘图与分析题

(1) 某车间如图 6-2 所示，要求：

1) 画出热压作用下，余压沿房间高度的变化，指出中和面位置。

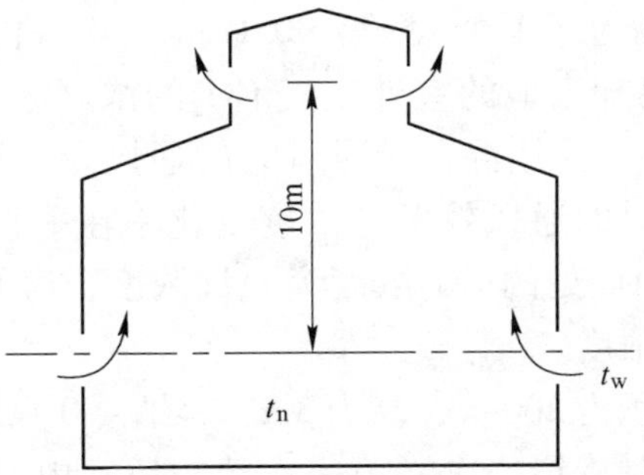

图 6-2　题（1）用图

2) 在有下述情况存在时，在 1) 的基础上，画出余压沿房间高度的变化，指出中和面位置。

①地面有大开口；

②顶棚有大开口；

③地板有机械送风；

④顶棚有机械排风。

(2) 解释热压通风中余压和中和面的概念，并画图表示热压与中和面。

7. 计算题

(1) 某房间面积为 $100m^2$，层高为 3m，房间送入的室外新鲜空气量为 $0.4m^3/s$。室内平均空气龄为 10min，求：1）房间换气次数 n（次/h）；2）名义时间常数 τ_n；3）房间实际换气时间 τ_r；4）房间换气效率 ε。

(2) 某车间内共有 100 个工作人员，所需新风量为每人 $30m^3/h$；室内热源的散热量为 2×10^5kW；生产过程中污染物散发率 200g/h。室外温度为 23℃，车间内温度要求为 30℃，污染物允许浓度为 $1mg/m^3$，若车间采用直流式通风系统（室外新风中不含污染物），请计算系统的通风量。（空气密度取 $1.2kg/m^3$，定压比热容 $c_p=1.01kJ/(kg\cdot K)$，安全系数取 3）

(3) 某鸡舍的面积为 $100m^2$，高为 3m，容纳 400 只鸡。每 10 只鸡 CO_2 发生量相当于 1 个人（0.005L/s），鸡舍内 CO_2 的允许浓度为 0.2%，已知当地的室外空气 CO_2 的浓度为 0.039%。求在稳定状态下，1）采用混合式通风时的通风量；2）采用下送上回置换式通风时的通风效率（浓度变化率在垂直方向上按线性分布，已知在 1m 处的 CO_2 浓度为允许浓度，房间底部 0m 处浓度为室外空气浓度）。

(4) 某鸡舍的面积为 $200m^2$，高为 3m，容纳 400 只鸡。现鸡舍 8：00 开始两个小时清扫一次（第一次清扫后室内 NH_3 浓度按室外浓度计算，室内每只鸡排泄物 NH_3 发生量平均值为 0.5mg/h），鸡舍内 NH_3 的允许浓度为 $0.6mg/m^3$，已知当地的室外空气 NH_3 的浓度为 $0.05mg/m^3$，鸡舍现有的机械通风量为 $300m^3/h$。求在早 6：00 清扫后，1）到早 8：00 的鸡含内 NH_3 浓度；2）若通风量减小到一半，其他条件不变，计算早 8：00 的鸡含内 NH_3 浓度。3）若使用简化式计算，两者的误差为多少？

(5) 某车间初步设计有上下 4 个通风口（见图 6-3）。已知室外 $t=27$℃，室内工作区温度 $t=33$℃，有效热量系数 $m=0.4$，下部通风口中心至地面的距离 $h=2.5$，下部每个通风口面积 $F_1=20m^2$，上部每个通风口面积 $F_2=18m^2$，$u_1=u_2=0.6$。计算：

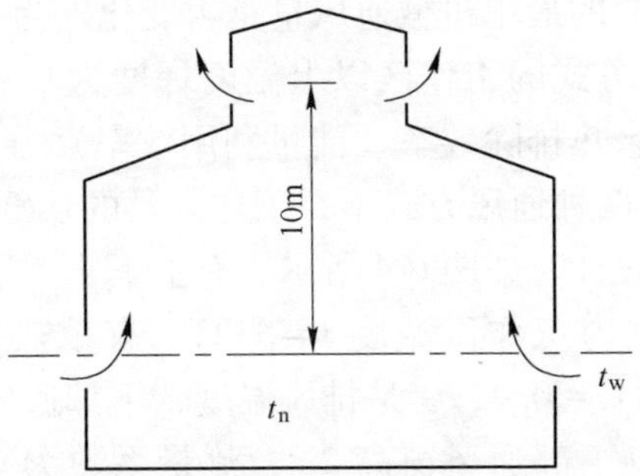

图 6-3　题（5）用图

1）仅有热压作用时，该车间全面换气量及中和面位置（空气按理想气体计算满足理想气体状态方程 $p=\rho RT$）；

2）当同时存在风压作用时，风速为 3m/s，开启哪几个通风口是最有利的？

（6）某教室的尺寸为长×宽×高＝8m×10m×4m，教室内上课的人数为 50 人，每人呼出的 CO_2 量为 19.8g/h，室外空气的 CO_2 浓度为 0.05%（0.98g/m^3），早 8：00 上课前，教室内空气的 CO_2 与室外相同。

1）推导教室内非稳定状态下的全面通风换气量计算公式。

2）计算至 9：45 下课时，教室内空气的 CO_2 浓度（由门窗缝隙渗入的室外空气量为 0.5 次/h 的换气次数）。

3）假设 9：45～10：00 的休息期间，教室内有 10 人，外窗全部打开进行自然通风。要求在该时间内，教室空气的 CO_2 浓度降至 296g/m^3，问所需要的自然通风量是多少？

（7）有一车间，高 4.5m，室内热源主要为平均布置的生产设备，共计 6 台，24 小时工作，每台的散热量为 2kW。室外温度为 25℃，要求保证 2m 以下的工作区温度不高于室外温度 5℃。问：

1）如果房间的围护结构是绝热的，采用上送上排的混合式机械通风方式，为保证所要求的温度而需要的最小机械通风量是多少？现在改用地面送风，顶棚排风的置换通风方式，此时为满足要求而需要的最小机械通风量是否变化，为什么？

2）置换通风方式的工作区以上温度梯度为0.4℃/m，计算两种通风方式的余热排除效率（能量利用效率）分别是多少？

3）定性分析两种通风方式下，工作人员的热舒适性。

（8）某车间初步设计时如图6-4所示，有上下4个通风窗。已知室外$t_w=27℃$，室内工作区温度$t=33℃$，有效热量系数$m=(t_n-t_w)/(t_p-t_w)=0.4$，$t_p$是排风温度，下部通风窗中心至地面的距离$h=2m$，下部通风窗高2m，流量系数为0.6，上部通风窗高1.5m，流量系数为0.5，所需要的车间全面换气量为50kg/s。请进一步进行设计，确定中和面位置（因为上通风窗造价高，中和面确定时应尽可能减少上通风窗面积），并计算当仅有热压作用时，该车间的上下窗面积（空气按理想气体计算，满足理想气体状态方程$p=\rho RT$）。

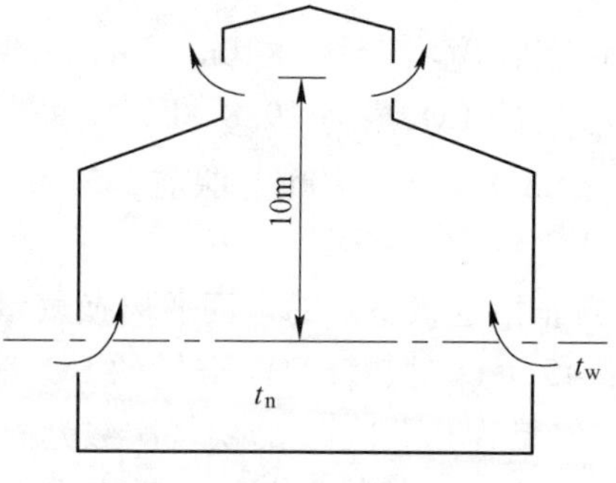

图6-4 题（8）用图

（9）有一车间，其面积为1500m^2，高为4.5m。室内有100个工作人员，所需新风量为每人30m^3/h；室内热源的散热量为2×10^{5}kW，生产过程散发的污染物200g/h，当地室外温度为23℃，车间内温度要求为30℃，污染物的允许浓度为1mg/m^2。现在要为该车间设计一个通风系统（设新风中不含污染物）。

问：

1）如果是直流式通风系统，系统的通风量应如何确定？

2）若室内要求温度为20℃，如果是混合式通风系统，系统的新风量和系统需要的冷量是多少?

(10) 有一体育馆，体积为 $13000m^3$，可容纳观众 2000 人，每人 CO_2 发生量为 0.005L/s，馆内 CO_2 的允许浓度定为 0.2%，已知当地的室外空气 CO_2 的浓度为 0.03%，室内 CO_2 初始浓度等于室外浓度，求：

1) 稳定状态下的通风量和 CO_2 浓度到达稳定状态的时间（假设观众同时进入馆内，CO_2 稳定浓度允许误差为 1%）。

2) 建筑的渗风量为 50L/s，比赛结束后 2 小时馆内 CO_2 的浓度（假设比赛结束时，CO_2 浓度达到稳定）。

8. 思考题

(1) 分析上送下排和下送上排送风方式各自的优缺点，并结合能量利用系数来分析。

(2) 对比换气次数与空气年龄。

(3) 阐述自然通风的动力，并举例说明主要应用场合。

(4) 稳态通风时，在空间均布的单位体积源作用下，室内污染物浓度的分布规律与房间空气年龄的分布规律是否一样?

(5) 利用自然通风的作用原理，分析热压作用下的自然通风的进排现象。

四、参考答案

1. 填空题

(1) 进；没有。

(2) 密闭罩。

(3) 外部吸气罩。

(4) 空气进入房间的时间；新鲜。

(5) 均方根偏差；算术平均值；越小。

(6) 扩散；中途拦截；惯性碰撞；筛子效果；静电捕获。

(7) 过滤效率；阻力；容尘量。

(8) 比表面积。

（9）活性炭。
（10）理论上最短的换气时间与实际换气时间之比。
（11）风压；热压。
（12）穿堂风；单面通风；被动风井通风；中庭通风。
（13）开口高度差；室内外温差。
（14）100%；>1；>1。
（15）高度的1/2。
（16）0；1/2。

2. 选择题

（1）~（5）：C D A B D；（6）~（10）：C C C A A；（11）~（15）：D B D B C；（16）~（20）：B C D C A；（21）~（25）：C D A A A；（26）~（27）：D C

3. 判断题

（1）~（4）：× √ × √

4. 名词解释

（1）热压：进风窗孔和排风窗孔两侧压差的绝对值之和与两窗孔的高度差 h 和室内外的空气密度差（$\rho_w-\rho_n$）有关，通常把 $gh(\rho_w-\rho_n)$ 称为热压。
（2）中和面：余压为0的面称为中和面。
（3）余压：室内某点压力和室外同标高未受扰动的空气压力之差。
（4）换气次数：房间通风量与房间体积之比。
（5）名义时间常数：房间容积与通风量的比值。
（6）空气龄：指空气进入房间的时间。某点空气龄越小，说明该点空气越新鲜，空气品质就越好。
（7）自然通风：利用自然的手段（热压、风压等）来促使空气流动而进行的把建筑物内污浊的空气直接排出室内的通风换气方式。
（8）风压：由于建筑物的阻拦，建筑物四周室外气流的压力分布将发生变化，迎风面气流受阻，动压降低，静压增高，侧面和背风面由于产生局部涡流静压降低，和远处未受到干扰的气流相比，这种静压的升高或降低统称为风压。

(9) 换气效率：新鲜空气置换原有空气的快慢与活塞通风下置换快慢的比值称为换气效率。

(10) 空气渗透：由于室内外存在压力差，从而导致室外空气通过门窗缝隙和外围护结构上的其他小孔或洞口进入室内的现象，也就是所谓的非人为组织（无组织）的通风。

(11) 气流组织：狭义指的是上（下、侧、中）送上（下、侧、中）回或置换送风、个性化送风等具体的送回风形式，也叫气流组织形式。广义指一定的送风口形式和送风参数所带来的室内气流分布。

5. 简答与分析题

简答与分析题（1）：存在。窗孔上部排风，下部进风。

简答与分析题（2）：由于室外风速沿垂直方向上有梯度，在边界层内距离地面越远风速越高，所以高层单元室外的风速要高于底层单元的室外风速，高层单元通风好。

简答与分析题（3）：不能。空气龄只能反映空气的新鲜度，不能反映其中污染物的浓度，而室内空气品质还与污染源的位置有关。

简答与分析题（4）：不一定，要看污染源的位置及浓度。

排污效率 $\varepsilon = \dfrac{C_e - C_s}{\overline{C} - C_s}$

$\overline{C}$ 是室内平均污染物浓度；C_s 是送风污染物浓度，C_e 是污染物浓度。

简答与分析题（5）：排风口靠近污染源布置，与进风口同侧，即在房间左下角布置。

排污效率等于出口浓度与房间平均浓度的比值。在进口空气带有相同的污染物时，此时排污效率定义式为 $\varepsilon = \dfrac{C_e - C_s}{\overline{C} - C_s}$，其中，$C_e$ 为排风口的污染物浓度；C_s 为入口送风污染物浓度；$\overline{C}$ 为室内平均污染物浓度。

由排污效率的定义可知，在入口浓度 C_s 和室内平均浓度不变的情况下，提高排除口的污染物浓度能提高排污效率。很显然，排风口靠近污染源布置，则有更多的污染物被排风带走，在相同的排风量的情况下排风的污染物浓度会提高，因此排污效率也会提高。故将排风口靠近污染源布置。

简答与分析题（6）：排空时间反映了一定气流组织形式排除室内污染物的相对能力，排空的时间和污染源的位置有关，而和污染源的散发强度无关，污染源越靠近排风口，排空时间越小，所以在活塞风作用下，3 个不同位置污染源所需排空的时间，由上可知 $t_1>t_2>t_3$。

简答与分析题（7）：房间内某点的污染物年龄是该点排出污染物有效程度的指标，某点的污染物年龄越短，说明污染物越容易来到该点，则该点的空气品质比较差，反之，污染物年龄越大，说明污染物越难达到该点，该点的空气品质较好，1）污染源位于入口时，随着离入口距离增加的各点，污染物年龄也增大；2）污染源位于中间时，在污染源前污染龄为无穷大，不受污染，空气品质好，在污染源后面，随着距离增大，污染年龄增大，空气龄增大；3）位于出口处，则污染物年龄无穷大，空气年龄小，空气品质好。

简答与分析题（8）：不一样。空气龄是指空气进入房间的时间，在房间内的污染源的分布均匀且送风为全新风时，某点的空气龄越小，说明该点的空气越新鲜。空气品质就越好，它还反映了房间排除污染物的能力，平均空气龄小的房间，去除污染物的能力强，对于理想活塞流的通风条件，房间的换气效率最高，房间的平均空气龄最小。房间某点污染物年龄是指污染物从产生到需要离开房间的时间。某点的污染物年龄越短，说明污染物越容易来到该点，则该点的空气品质比较差，反之，污染物年龄越大，说明污染物越难到达该点，该点的空气品质较好，所以室内污染物浓度的分布规律与房间空气龄的分布规律不一样。

简答与分析题（9）：气流组织的分布特性常用以下几个参数给予评价：1）不均匀系数，表示室内气流分布均匀性好坏的参量；2）

空气年龄，是描述室内旧空气被新鲜空气替代的快慢程度，年龄越短，旧空气被置换越快，空气越新鲜；3）换气效率，表示理论上最短的换气时间与实际换气时间之比；4）通风效率，表示排风口处的污染浓度与室内平均浓度之比，其物理意义是指从室内移出污染物的迅速程度；5）能量利用系数，指投入能量的利用程度，反映出其经济指标。

简答与分析题（10）：空气龄指空气进入房间的时间，它可以作为衡量空调房间空气新鲜程度和换气能力的重要指标。同一情况下某点的空气龄越小则空气越新鲜，品质越好；平均空气龄越小，换气能力越强，去污能力越强。空气龄是可以测量的，某一点的空气龄，是指该点所有微团的空气龄的平均值，其计算公式为 $\tau_p = \int_0^{\infty}[1 - F(\tau)]d\tau$，而所有微团的空气龄均存在一个概率分布函数和一个累积分布函数，所谓概率分布函数 $f(\tau)$ 是指年龄为 τ 的空气微团在某点空气中所占的比例，而累积分布函数 $F(\tau)$ 则是指年龄比 τ 短的空气微团所占的比例。

简答与分析题（11）：1）定义：自然通风是指利用自然的手段（热压、风压等）来促使空气流动而进行的通风换气方式。

2）特点：不消耗动力或与机械通风相比消耗很少的动力；主要依靠室内外风压或者热压的不同来进行室内外空气的交换。

3）优点：

①自然通风对于温度气候不同、很多类型的建筑都适用；

②自然通风比机械通风经济；

③如果开口的数量足够、位置合适，空气流量会很大；

④不需要专门的空调机房；

⑤不需要专门的维修人员。

4）缺陷：

①通风量往往难以控制，因此导致室内空气品质达不到预期的要求和过量的热损失；

②在大而深的多房间建筑中，自然通风难以保证新风的充分输入和平衡分配；

③在噪声和污染比较严重的地区，自然通风不适用；

④一些自然通风的设计可能会带来安全隐患，应预先采取措施；

⑤自然通风不适用于气候恶劣的地区；

⑥自然通风往往需要居住者自己调整风口满足需要，比较麻烦；

⑦目前的自然通风很少对进口空气进行过滤和净化；

⑧自然通风往往需要比较大的空间，经常受到建筑形式的限制；

⑨自然通风的可控性低，风量可能不足，对于要求较高的建筑，不能完全依赖自然通风。

5）常见的自然通风实现形式：穿堂风；单面通风；被动风井通风；中庭通风。

6）自然通风的使用场合：主要用于热车间排除余热的通风换气，以及普通民用建筑。

6. 绘图与分析题

绘图与分析题（1）：1）热压作用下，余压沿房间高度的变化见图 6-5。

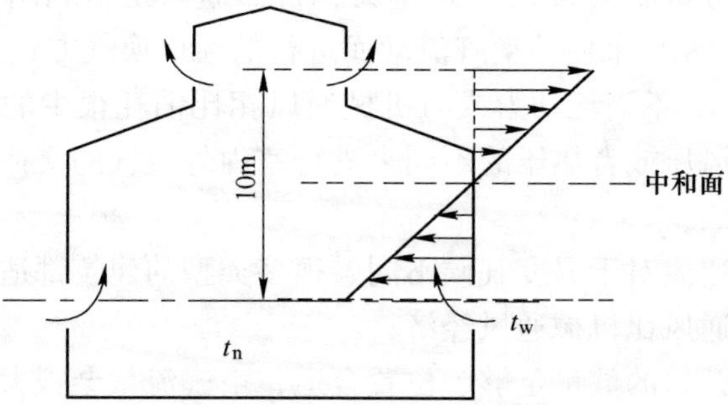

图 6-5 热压作用下的余压分布图

2）四种情况下余压沿房间高度的变化及中和面位置见图 6-6~图 6-9。

绘图与分析题（2）：余压是指室内某一点的压力和室外同标高未受扰动的空气压力的差值。

余压为 0 的面称为中和面。

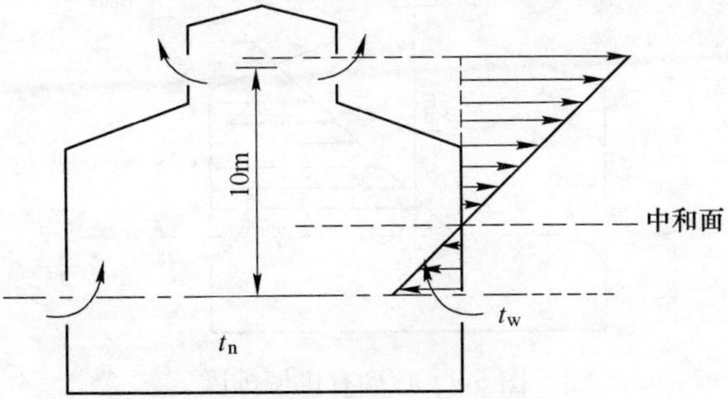

图 6-6　地面有大开口

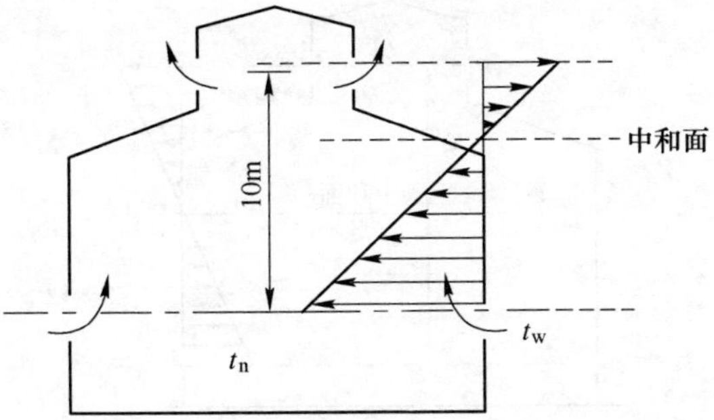

图 6-7　顶棚有大开口

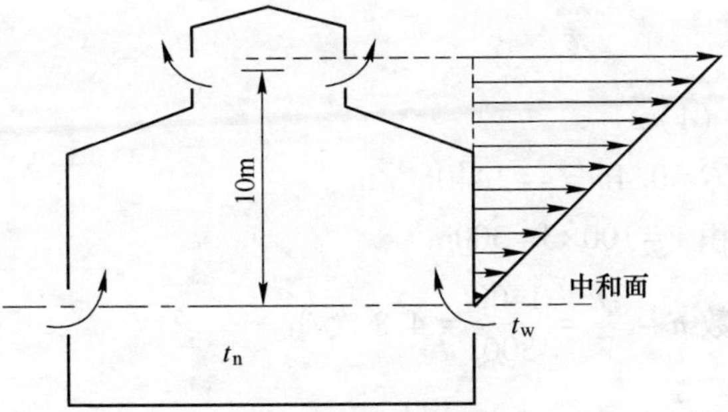

图 6-8　地板有机械送风

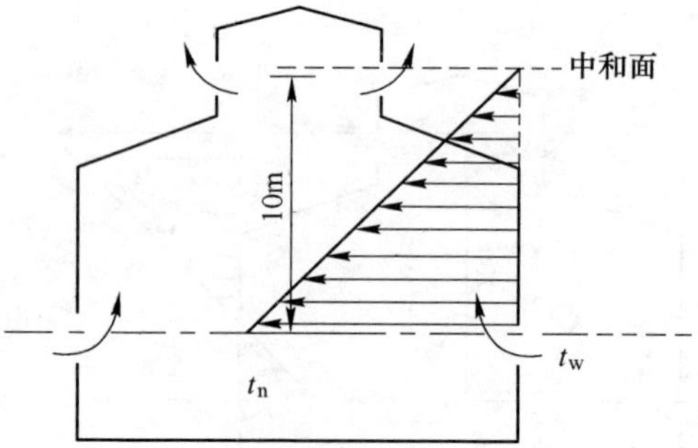

图 6-9　顶棚有机械排风

热压与中和面的关系见图 6-10。

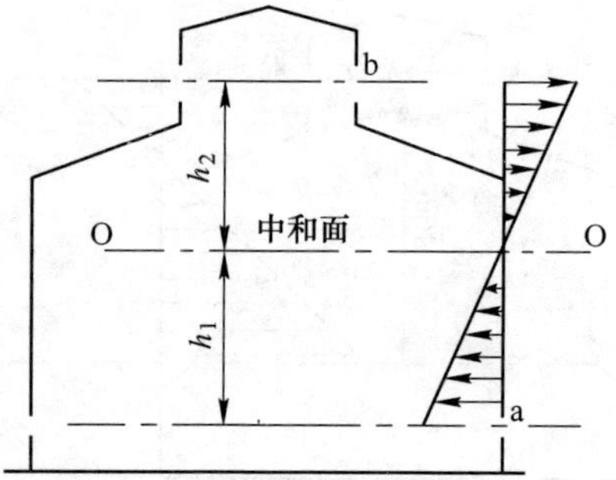

图 6-10　热压与中和面的关系

7. 计算题

计算题（1）：

送风量 $Q=0.4\text{m}^3/\text{s}=1440\text{m}^3/\text{h}$

房间体积 $V=100\times3=300\text{m}^3$

换气次数 $n=\dfrac{Q}{V}=\dfrac{1400}{300}=4.8$ 次/h

名义时间常数 $\tau_n=\dfrac{V}{Q}=\dfrac{300}{0.4}=750\text{s}$

实际换气时间 $\tau_r=2\tau_p=2\times10\times60=1200\text{s}$

换气效率 $\eta_a = \frac{1}{2}\frac{\tau_n}{2\tau_p} \times 100\% = \frac{750}{1200} \times 100\% = 62.5\%$

计算题（2）：

人员所需通风量：$L1 = 100 \times 30 = 3000\text{m}^3/\text{h}$

排除余热所需通风量：$L2 = \frac{Q}{C_p\rho\ (t_p - t_s)}$

$$L2 = 200000 \div (1.01 \times 1.2 \times (30 - 23)) = 23573.8\text{m}^3/\text{s}$$

$$L2 = 23573.8 \times 3600 = 8.5 \times 10^7\text{m}^3/\text{h}$$

排除污染物所需通风量：$L3 = \frac{kx}{y_p - y_s}$

$$L3 = 3 \times 200000 \div (1 - 0) = 6 \times 10^5\text{m}^3/\text{h}$$

取最大值，通风量为 $8.5\times10^7\text{m}^3/\text{h}$。

计算题（3）：

1）鸡舍内污染物的散发量 M

$$M = 0.005 \times \frac{40}{10} \times 10^{-3} = 2 \times 10^{-4}\text{m}^3/\text{s}$$

又已知鸡舍内 CO_2 的允许浓度为 0.2%，即 $C_2 = 0.2\%$；室外空气 CO_2 的浓度为 0.03%，即 $C_0 = 0.03\%$，可得全面通风量 G：

$$G = \frac{M}{C_2 - C_0} = \frac{2 \times 10^{-4}}{0.2\% - 0.3\%} = 0.1176\text{m}^3/\text{s}$$

2）认为 0m 处的浓度为 0.03%，1m 处的浓度为 0.2%，且呈线性变化，则可得在 3m 处的浓度值 C_p：$C_p = 0.17\text{h} + 0.03 = 0.17\times3 + 0.03 = 0.54\%$

将 $C_p = 0.17\text{h}+0.03$ 带入：$\overline{C} = \frac{\int_0^v C_p \text{d}v}{v} == \frac{A\int_0^3 C_p \text{d}h}{A - h} = \frac{\int_0^3 C_p \text{d}h}{h}$

通风效率 $E = \frac{C_p - C_0}{\overline{C} - C_0} = \frac{0.54 - 0.03}{0.285 - 0.03} = 2$

计算题（4）：

1）当通风量一定时，任意时刻室内污染物的浓度为 C_2

$$C_2 = C_1 \cdot \text{e}^{-\frac{\tau G}{V}} + (\frac{M}{G} + C_0)(1 - \text{e}^{-\frac{\tau G}{V}})$$

由题意知：$C_1=C_0$，所以 $C_2=C_1\cdot e^{-\frac{\tau G}{V}}+(\frac{M}{G}+C_0)(1-e^{-\frac{\tau G}{V}})$

$M=0.5\times400=200\text{mg/h}=5.55\times10^{-5}\text{g/s}$

$G=300\text{m}^3/\text{h}=0.083\text{m}^3/\text{s}$

$C_0=0.05\text{mg/cm}^3=5\times10^{-5}\text{g/m}^3$

$T=2\text{h}=7200\text{s}$

$V=600\text{m}^3$

将上述各物理量代入该公式得：

$$C_2=C_1\cdot e^{-\frac{\tau G}{V}}+(\frac{M}{G}+C_0)(1-e^{-\frac{\tau G}{V}})=4.73\times10^{-4}\text{g/m}^3$$

即 $C_2=0.473\text{mg/m}^3$

2） $G'=150\text{m}^3/\text{h}=0.0415\text{m}^3/\text{s}$

$$C_2=C_1\cdot e^{-\frac{\tau G}{V}}+(\frac{M}{G}+C_0)(1-e^{-\frac{\tau G}{V}})=5.76\times10^{-4}\text{g/m}^3$$

由 $\frac{G\tau}{V}=0.498<1$，可用简化式进行计算。

$$\frac{GC_1-M-GC_s}{GC_2-M-GC_s}=1+\frac{G}{V}\tau$$

可求得 $C_2=4.95\times10^{-4}\text{g/m}^3$

误差为：$\frac{5.76\times10^{-4}-4.95\times10^{-4}}{5.76\times10^{-4}}=14\%$

计算题（5）：1）

排风温度为：$t_p=\frac{t_n-t_w}{m}+t_w=\frac{33-27}{0.4}+33=48℃$

室内空气的密度为：$\rho=\frac{p}{RT_n}=\frac{1.01325\times10^5}{287\times(273+33)}=1.15\text{kg/m}^3$

室外空气的密度为：$\rho_w=\frac{p}{RT_w}=\frac{1.01325\times10^5}{287\times(273+27)}=1.18\text{kg/m}^3$

排风的密度为：$\rho_w=\frac{p}{RT_p}=\frac{1.01325\times10^5}{287\times(273+48)}=1.10\text{kg/m}^3$

下部风口的余压为：

$p_a=-h_1g(\rho_w-\rho_n)=-h_1\times9.8\times(1.18-1.15)=-0.294h_1$

上部风口的余压为：

$p_b=-h_2g(\rho_w-\rho_n)=-h_1\times9.8\times(1.18-1.15)=-0.294h_2$

下部风口的风量为：

$G_1=\mu_1F_1\sqrt{2|p_a|\rho_w}=0.6\times20\times\sqrt{2\times0.294h_1\times1.18}$

$=12\sqrt{0.694h_1}$

上部风口的风量为：

$G_2=\mu_2F_2\sqrt{2|p_b|\rho_p}=0.6\times18\times\sqrt{2\times0.294h_2\times1.10}$

$=10.8\sqrt{0.647h_2}$

由风量守恒可得 $G_1=G_2$ 且 $h_1+h_2=10$，计算得

$h_1=4.30\text{m}$，$h_2=5.70\text{m}$，全面通风量为 20.73kg/s。

即中和面为距离进风窗 4.30m 的位置，全面通风量为 20.73kg/s。

2）若空气从左侧吹过建筑物，要得到最大通风效果必然应使风压作用与热压作用进行叠加。因此开启左下侧与右上侧的窗口最有利。由于对称，空气由右侧流过的情况与之相反。

计算题（6）：

1）由质量守恒定律得

$$GC_0\mathrm{d}\tau+M\mathrm{d}\tau-GC\mathrm{d}\tau=V\mathrm{d}C$$

变换得：$\dfrac{\mathrm{d}\tau}{V}=\dfrac{\mathrm{d}C}{GC_0+M-GC}\rightarrow\dfrac{\mathrm{d}\tau}{V}=-\dfrac{1}{G}\dfrac{\mathrm{d}(GC_0+M-GC)}{GC_0+M-GC}$

如果在 t 秒钟内，室内空气中污染物浓度从 C_1 变化到 C_2，那么

$$\int_0^{\tau}\frac{\mathrm{d}\tau}{V}=-\frac{1}{G}\int_{C_1}^{C_2}\frac{\mathrm{d}(GC_0+M-GC)}{GC_0+M-GC}$$

即 $\dfrac{GC_1+M-GC_0}{GC_2+M-GC_0}=\exp\left[\dfrac{\tau G}{V}\right]$

当 $\dfrac{\tau G}{V}<1$ 时，级数 $\exp\left[\dfrac{\tau G}{V}\right]$ 收敛，利用近似法的 $\exp\left[\dfrac{\tau G}{V}\right]=1+$

$\dfrac{\tau G}{V}$

得到 $\dfrac{GC_1 + M - GC_0}{GC_2 + M - GC_0} = 1 + \dfrac{\tau G}{V}$

于是得到不稳定状态下全面通风换气量计算公式：

$$G = \frac{M}{C_2 - C_0} - \frac{V}{\tau}\frac{C_2 - C_1}{C_2 - C_0}$$

2）通风量一定时，室内污染物浓度 C_2

通风量　　$G=(0.5\times320)/3600=0.044\text{m}^3/\text{s}$

室内二氧化碳产生量：$M=(19.8\times50)/3600=0.275\text{g/s}$ 则教室内最终二氧化碳浓度

$$C_2 = C_1\exp\left(-\frac{\tau G}{V}\right) + \left(\frac{M}{G} + C_0\right)\left[1 - \exp\left(-\frac{\tau G}{V}\right)\right]$$

$$= 0.98\times\exp\left(-\frac{6300\times0.44}{320}\right) + \left(\frac{0.275}{0.044} + 0.98\right)\times\left[1 - \exp\left(\frac{6300\times0.044}{320}\right)\right]$$

$$= 4.60\text{g/m}^3$$

3）这是不稳定状态下全面通风换气量的计算问题

假设最后结果满足 $\dfrac{\tau G}{V}<1$，则

$$G = \frac{M}{C_2 - C_0} - \frac{V}{\tau}\frac{C_2 - C_1}{C_2 - C_0}$$

$$= \frac{0.055}{2.96 - 0.98} - \frac{320}{900}\frac{2.96 - 5.45}{2.96 - 0.98}$$

$$= 0.31\text{m}^3/\text{s}$$

检验条件 $\dfrac{\tau G}{V} = \dfrac{900\times0.31}{320} = 0.87<1$，满足条件。

计算题（7）：

1）混合通风时的通风量：$G = \dfrac{Q}{c_p(t_n - t_0)} = \dfrac{6\times2}{1.01\times(30 - 25)} = 2.38\text{kg/s}$

置换通风时的通风量：$G = \dfrac{Q}{c_p(t_n - t_0)} = \dfrac{6\times2}{1.01\times(30 - 25)} = 2.38\text{kg/s}$

2）能量利用效率的计算式为：$\eta=\dfrac{t_p-t_0}{t_n-t_0}$

因为混合通风中室内空气温度等于排风温度，所以混合通风的能量利用效率为1。

在置换通风中，排风温度为：$t_p=t_0+(H-h)\times \text{grad}t=30+(4.5-2)\times 0.4=31$℃

置换通风室内温度为：$t_n=(t_2+t_1)/2=(25+30)/2=27.5$℃

置换通风的能量利用效率为：$\eta=\dfrac{t_p-t_0}{t_n-t_0}=\dfrac{31-25}{27.5-25}=2.4$

3）置换通风在同样的风量下工作区温度整体上比混合通风工作区温度要低，有利于人体的热舒适。但是本题中，置换通风下的头脚温差能达到将近5℃，头脚温差过大又不利于人体热舒适。

计算题（8）：

排风温度为：$t_p=\dfrac{t_n-t_w}{m}+t_w=\dfrac{33-27}{0.4}+33=48$℃

则室内的温度梯度为（48−27）÷10=2.1℃/m

因为车间的全面换气量为50kg/s，所以下部开口的风量为25kg/s。

室内空气的密度为：$\rho_n=\dfrac{p}{RT_n}=\dfrac{1.01325\times 10^5}{287\times(273+33)}=1.15\text{kg/m}^3$

室外空气的密度为：$\rho_w=\dfrac{p}{RT_w}=\dfrac{1.01325\times 10^5}{287\times(273+27)}=1.17\text{kg/m}^3$

排风的密度为：$\rho_w=\dfrac{p}{RT_w}=\dfrac{1.01325\times 10^5}{287\times(273+48)}=1.10\text{kg/m}^3$

下部风口的余压为：$p_a=-h_1g(\rho_w-\rho_n)=-h_1\times 9.8\times(1.17-1.15)=-0.196h_1\text{Pa}$

上部风口的余压为：$p_b=h_2g(\rho_w-\rho_n)=h_2\times 9.8\times(1.17-1.15)=0.196h_2\text{Pa}$

下部风口的风量为：

$$\begin{aligned}G&=\mu_1F_1\sqrt{2|p_a|\rho}\\&=0.6\times F_1\times\sqrt{2\times 0.196h_1\times 1.17}=25\end{aligned}$$

上风口的风量为：

$$G=\mu_2 F_2\sqrt{2|p_b|\rho}$$
$$=0.5\times F_2\times\sqrt{2\times 0.196h_2\times 1.10}=25$$

h_1和h_2分别为下部风口和上部风口距离中和面的高度，$h_1+h_2=10m$

由经济性考虑，为了尽量减少上通风窗的面积，则中和面应尽量降低，由于下通风窗中心距地面为 2m，下通风窗高 2m，中和面取 3m 高。

则h_1为 1m；h_2为 9m；$F_1=61m^2$，$F_2=25.4m^2$。

计算题（9）：

1）直流式通风系统

工作人员所需要的总通风量为：

$$Q_r=100\times30=3000m^3/h$$

排除余热所需要的通风量为

$$Q_h=\frac{H}{c_p\rho(t_m-t_{out})}=\frac{2000}{1.2\times1000\times(30-23)}=23809m^3/s$$
$$=8.57143\times10^7m^3/h$$

排除污染物所需要的通风量为

$$Q_c=\frac{H}{c_{in}-c_{out}}=\frac{2000}{1}=200000m^3/h\text{ 。}$$

所以，直流式系统所需要的通风量为$Q_h=8.57143\times10^7m^3/h$。

2）混合式通风系统

因为排出余热所需风量远大于排出室内污染物所需风量，考虑到节能因素，故混合式通风系统选用的系统新风量为排出室内空气污染物所需风量。排除污染物需要的新风量为 $20000m^3/h$。

系统新风所需要的冷量为

$$Q_1=\rho c_p Q_c(T_{out}-T_{in})=1.2\times1000\times(200000/3600)\times(23-20)$$
$$=200kW$$

室内热源的散热量为 2×10^7W。

所以，系统所需要的冷量为 $2\times10^5+200=2.002\times10^5kW$

下部风口的风量为：

$$G=\mu_1 F_1\sqrt{2|p_a|\rho}$$
$$=0.6\times F_1\times\sqrt{2\times 0.196h_1\times 1.17}=25$$

上部风口的风量为：

$$G=\mu_2 F_2\sqrt{2|p_b|\rho}$$
$$=0.5\times F_2\times\sqrt{2\times 0.196h_2\times 1.10}=25$$

h_1 和 h_2 分别为下部风口和上部风口距离中和面的高度，$h_1+h_2=10\text{m}$

由经济性考虑，为了尽量减少上通风窗的面积，则中和面应尽量低。

由于下通风窗中心距地面为 2m，下通通风窗高 2m，中和面取 3m 高。

则 h_1 为 1m；h_2 为 9m；$F_1=61\text{m}^2$，$F_2=25.4\text{m}^2$。

计算题（10）：

1）比赛场内 CO_2 发生量为 $Q_p=0.005\times 2000=10\text{L/s}$

稳定状态下的通风量为 $V=\dfrac{Q_p}{C_i-C_o}=\dfrac{10}{0.2\%-0.03\%}=5882.4\text{L/s}$

$$0.198\%=0.03e^{\left(-\frac{5.8824}{13}\tau\right)}+\left(\frac{10}{5.8824}+0.03\%\right)\left[1-e^{-\frac{5.8824}{13}\tau}\right]$$

$$\tau=11.3\text{s},\ C_2=0.2\%$$

2）$C_2=0.2\%e^{-\frac{0.05}{13}\times 7200}+\left(\dfrac{0}{50}+0.03\%\right)\left[1-e^{-\frac{0.05}{13}\times 7200}\right]$

$=0.03\%$

第七章　建筑声环境

扫码做题

一、大纲要求

（1）掌握声学各物理参数的基本概念和内在联系，并能描述声环境；

（2）了解人与听觉环境的关联，掌握不同声环境评价及方法；

（3）掌握空调系统的噪声源形式、传播途径及一般的控制方式；

（4）掌握常用的噪声控制方法及设计原理。

二、主要考点、知识点及难点解析

1. 声音三要素

（1）空气密度变化大小——音量（响度）。

声音的大小→声压，声强

同样声源：音量↑→传播距离↑

（2）声波每秒振动的次数——音调（频率）。

声音的高低→频率　　　频率↑→音调↑

（3）频率的混合状态——声音是由各种频率的声音混合而成，不同混合状态感觉不同——音色（音质）。

声音的组合→频谱

2. 度量声音的基本参数

声功率 W/W：声源在单位时间内向外辐射的声音能量，即在全部可听范围所辐射的功率，也可特指在某个有限频率范围所辐射的功率，亦称频带声功率。

声压 p/Pa：空气质点因声波作用产生振动时超过大气压力值，声波的压强与媒质的静压之差。常指有效声压（瞬时声压的均方根）简谐声波。

声强 I/W·m^{-2}：声波传播方向上单位面积波面上通过的平均声功率。

3. 噪声控制

（1）声源：掩蔽效应。

（2）传播路径：

1）风机安装时加装防振措施；

2）系统与房间采用吸声材料；

3）机房与房间采用隔声材料；

4）管道系统采用消声措施。

（3）接收点：防护措施；耳塞等。

（4）掩蔽噪声。

4. 多孔吸声材料特性和吸声机理

（1）声波在行进过程中反射折射等挤压—空气质点摩擦—声能→热能⇒吸声；

（2）空气与壁面摩擦—声能→热能⇒吸声。

特性：

1）空气流动阻力↑→(v↓)→α↓；

2）孔隙率↑→α↑一般：吸声材料孔隙率≥70%；

3）厚度↑→路径↑→α↑；

4）材料容重↑→孔隙率↓→α↓；

5）背后增加空气层→α(低频)↑；

6）饰面（光滑面：油漆）→α↓；

7）材料的纵横特性不同→$\alpha = f$（入射角）；

8）含水率↑→孔隙率↓→α↓。

5. 通风空调设备降噪

主要有：

（1）空气处理设备：通风机；

（2）空调设备：风机、压缩机（室内或室外）；

（3）风口：风口处传递的系统噪声，风口处空气流动引起的噪声。

冷冻机房噪声主要有：

（1）冷冻设备：压缩机噪声及其振动噪声；

（2）水泵：噪声及其振动噪声；

（3）冷却塔：水流噪声、冷却水泵噪声。

液体管道（水管、制冷剂管道、高压高温空气管道），宜用各种软接头（如曲挠橡胶软接头等）；风管宜用人造革软接头。

三、本章习题

1. 填空题

（1）噪声的评价指标有________、________、________________、________________。

（2）人耳可以听到的声音的频率范围，通常是______________。

（3）声压变化 10 倍时，声压级变化____ dB。

（4）多孔材料对____频声波吸收最好。

（5）消声器分为__________和____________两类。

（6）我国所采用的室内噪声评价曲线为______曲线，在噪声的实际测量中，____声级因与人的主观反映有很好的相关性而被采用，这二者之间的关系是______________。

（7）三个数值相等的声压相叠加后，声压级比原来增加______ dB。

（8）A 计权网络是参考____方等响曲线，对____ Hz 以下的声音有较大的衰减，以模拟人耳对低频不敏感的特性的一种声音计权网络。

（9）两个 0dB 的噪声源叠加后，其噪声的总强级是____ dB；两个 40dB 的噪声源叠加后，其噪声的总声压级是____ dB。

（10）______________________时，会发生共振现象。

（11）声源具有方向性，频率低的声源指向性____。

（12）隔振的主要措施是在设备上安装了______。

（13）声音在传播过程中的衰减有__________、__________、______

＿＿＿＿＿＿和＿＿＿＿＿＿。

2. 选择题

（1）如果噪声源在邻室，在邻室的墙面上敷设吸声材料的方法（　　）。

A 不起作用，因为不增加隔墙的隔声量是没有用的

B 可以减少噪声干扰，因为降低邻室的整体噪声水平

C 会增加噪声干扰，因为吸声材料的隔声效果都比较差

D 可以减少噪声干扰，因为隔墙的隔声量会因此而增加

（2）室内有四个 40dB 的噪声源，综合的效果相当于（　　）。

A 44dB　　B 46dB　　C 83dB　　D 160dB

（3）声功率级和声压级这两个评价指标在应用上有何区别？（　　）

A 声功率级用于评价声源，声压级用于评价空间声环境

B 声功率级用于评价自由声场，声压级用于评价室内声场

C 声功率级用于评价噪声，声压级用于评价小噪声

D 声功率级用于评价工业建筑，声压级用于评价民用建筑

（4）背景噪声 50dBA，四台风冷热泵机组组装在一起，每台风冷热泵的噪声为 76dBA，请问机组前 1m 处测得的总噪声级约为多少？（　　）

A 304dBA　　B 130dBA　　C 82dBA　　D 79dBA

（5）指向性因数和指向性指数的作用是什么？（　　）

A 是描述室内声场特征的专用指标

B 用于描述室内声场的反射声声场分布

C 用于描述声场的混响水平

D 用于描述有方向性声源形成的声场分布

（6）以下四个室内声源中哪个声源的指向性因数最大？（　　）

A 在三面垂直墙面的交角上

B 在两面垂直墙面的交线上

C 在一面墙的表面上

D 在房间正中央

（7）高频噪声一般选用（　　）消声器。

A 阻性　　B 抗性　　C 板状　　D 小孔

（8）在对不稳态噪声的大量调查中，已证明（　　）与人的主观反映存在良好的相关性，我国使用该量作为噪声评价指标。

A A 声级　　B NR 曲线　　C NC 曲线　　D 等效连续

（9）声源在单位时间内对外辐射的声能称为（　　）。

A 声压　　B 声强　　C 声功率　　D 响度

（10）对应不同频率，在同一等响曲线上的声音，人耳听起来的响度（　　）。

A 不相同　　B 相同　　C 不确定

（11）对于室内两个声级分别是 70dB 和 32dB 的 A、B 噪声源，需对（　　）做处理才可达到降噪的效果。

A A 噪声源　B B 噪声源　C A、B 噪声源

（12）声影区的形成是由于声波在遇到障碍物或孔洞时发生了（　　）。

A 吸收　　B 反射　　C 绕射　　D 透射

（13）NR 曲线数为 60dB 时，由于 A 声级 LA 与其有较好的相关性，因此 LA 可取为（　　）。

A 70　　B 65　　C 60　　D 55

3. 判断题

（1）通常人耳对高频声不敏感，对低频声较敏感，但当声压级较高时，人耳分辨高低频声音的能力下降，声音的响度级主要取决于声压级。（　　）

（2）两个声压级为 0dB 的噪声合成的噪声仍是 0dB 。（　　）

（3）阻性消声器主要消除的是中、低频噪声，抗性消声器消除的是高频噪声。（　　）

（4）几个声源在某处形成的声压级符合叠加定律，也就是说等于上述声源在该处单独作用之代数和。（　　）

（5）声音在传播过程中遇到新的介质时，其反射系数、吸声系数和透射系数三者之和等于 1。（　　）

（6）300Hz 以下的声音属低频声，1000Hz 以上的属高频声。（　　）

4. 名词解释

（1）倍频程；
（2）响度；
（3）等响曲线；
（4）响度级；
（5）双耳听闻效应；
（6）声强；
（7）声压；
（8）掩蔽效应；
（9）掩蔽噪声。

5. 简答题

（1）两个声压级为 0dB 的噪声合成的噪声能否听见，为什么？
（2）等响曲线与 NR、NC 曲线有什么异同？
（3）试给出一种吸声材料或吸声结构，并说明其吸声机理。
（4）噪声控制原则是什么，噪声的治理方法有哪些？
（5）多孔吸声材料具有怎样的吸声特性？随着材料密度、厚度的增加及其吸声特性有何变化？以超细玻璃棉为例予以说明。
（6）扩张式消声器为什么有消声作用？
（7）风道为什么有消声作用？为了减小阻力，在风道弯头里加了导流叶片，弯头的消声能力会有什么变化，为什么？
（8）说明消声器的种类、原理和特点。
（9）降低环境噪声的基本途径有哪些？
（10）为什么微孔不连通的多孔材料吸声效果不好，而风道弯头为什么有消声作用？
（11）哪些声音适宜作“背景声”，为什么？
（12）吸声降噪的使用原则有哪些？
（13）某餐厅大厅营业时室内噪声特别大，其内装修均为硬铺装表面。请分析原因并给出改进建议。

6. 计算题

（1）在学校的餐厅大厅吃饭的时候噪声很大，其内装修均为硬铺装表面，请分析一下原因并给出改进的建议。如果改进后，不考虑大厅内表面的影响，50 人同时讲话，其噪声级别分别为 30dB，此时电视的声音至少要多大，才能使进餐的人听见？

（2）某通风系统采用 2 台风机并联运行，风机 A 和风机 B 的风量分别为 2000m³/h 和 1000m³/h，压头均为 500Pa。试分别计算只有风机 A 运行和 B 台风机同时运行时通风系统产生的总声功率级。当机房内的噪声级别要求为 70dB 时，但风机又不允许更换，对风机自身来讲，可以采取什么具体的措施来降低噪声，并分析结果。以下给出一些可用于计算的参考公式。

$$L_w = 5 + 10\lg L + 20\lg H \text{ (dB)}$$

$$L_w = 67 + 10\lg N + 10\lg H \text{ (dB)}$$

$$(L_w)_2 = (L_w)_1 + 50\lg(n_2/n_1) \text{ (dB)}$$

$$(L_w)_{D_2} = (L_w)_{D_1} + 20\lg(D_2/D_1) \text{ (dB)}$$

$$(L_w)_{HZ} = L_w + b' \text{ (dB)}$$

（3）图 7-1 是某些噪声的频谱，如果在道路旁边同时有圆锯工作，请计算中心频率为 125Hz 频带内的叠加噪声值。

7. 思考题

（1）如何控制环境噪声？

（2）常用的吸声材料和吸声结构有哪些，它们各有什么特性？

四、参考答案

1. 填空题

（1）A 声级；等效连续 A 声级；昼夜等效声级；累积分布声级。

（2）20~2000Hz。

（3）20。

（4）中高。

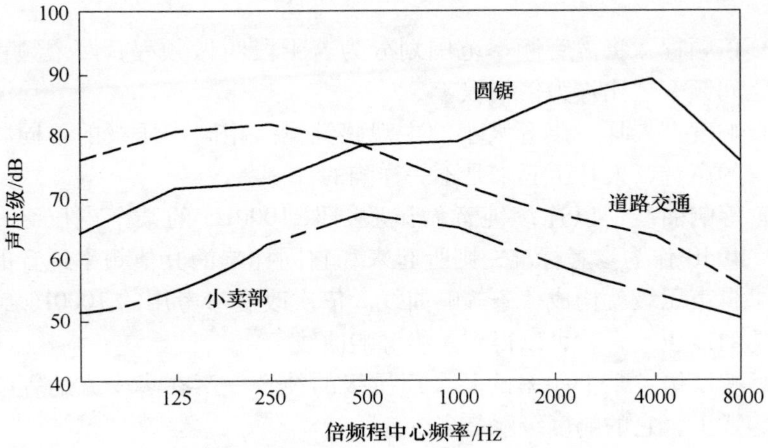

图 7-1　题（3）用图

（5）阻性消声器；抗性消声器。

（6）NR；A；LA=NR+5dB。

（7）10lg3dB。

（8）40；500Hz。

（9）3；43dB。

（10）振源固有频率等于减振结构固有频率。

（11）弱。

（12）隔振器或减振结构。

（13）发散衰减；大气吸收衰减；地面吸收衰减；其他衰减。

2. 选择题

（1）~（5）：B B A C D；（6）~（10）：A A D C B；（11）~（13）：A C B

3. 判断题

（1）~（6）：×××××√

4. 名词解释

（1）倍频程：将声音频率范围划分为若干段叫做频程，两个频程中间频率之比称为倍频程。

（2）响度：人耳对声音大小的主观感觉量。相同声压级的不同频率的声音，人耳听起来是不一样响的。

（3）等响曲线：以连续纯音做试验，取 1000Hz 的某个声压级，如 40dB 作为参考标准，则听起来和它同样响的其他频率纯音的各自声压级就构成一条等响曲线。依次改变参考用的 1000Hz 纯音的声压级，就可以得到一组等响曲线。

（4）响度级：某一频率的某个声压级的纯音，落在多少方的等响曲线上，它的响度级就是多少。

（5）双耳听闻效应：又称为方位感。同一声源发出的声音传至人耳时，由于到达双耳的声波之间存在一定的时间差、位相差和强度差，使人耳能够知道声音来源于哪个方向。双耳的这种辨别声源方向的能力称为方位感。

（6）声强：声场中某一点的声强指的是单位时间内，该点处垂直于声波传播方向上单位面积所通过的声能。

（7）声压：介质中有声波传播时，介质中的压强相对于无声波时介质静压强的改变量。

（8）掩蔽效应：人耳对一个声音的听觉灵敏度因为另一个声音的存在而降低的现象叫做掩蔽效应。

（9）掩蔽噪声：利用电子设备产生的背景噪声掩蔽令人讨厌的噪声，以解决噪声控制问题，该背景噪声称为掩蔽噪声。掩蔽噪声通常被比喻为“声学香料”或“声学除臭剂”。

5. 简答题

简答题（1）：能。两个数值相同的声级叠加时，结果比原来增加 3dB。

简答题（2）：以连续纯音做实验，取 1000Hz 的某个声压级作为参考标准，则听起来和它同样响的其他频率纯音的各自声压级就构成一条等响曲线，等响曲线是对某一频率的某个声压的纯音的响度级的评价，NR 曲线是作为噪声允许标准的评价指标，确定了某条曲线作为限值曲线，就要求现场实测噪声的各个倍频带声压级值不得超过由该曲线所规定的声压级值，NC 曲线也是作为噪声允许标准的评价指标，对低频的要求比 NR 曲线苛刻。

简答题（3）：1）多孔吸声材料，其吸声机理是：因为多孔材料具有大量内外连通的微小空隙和孔洞。当声波入射到多孔材料上，声波能顺着微孔进入材料内部，引起空隙中空气的振动。由于空气的黏滞阻力、空气与孔壁的摩擦和热传导作用等，使得部分声能转化为热能而被损耗。

2）共振吸声结构，其吸声机理是：建筑空间的围蔽结构和空间中的物体，在声波激发下会发生振动，由于振动的结构与物体内部摩擦及与空气的摩擦，会将部分能量转变为热能，从而消耗声能，产生吸声效果。

简答题（4）：噪声的控制原则有声源的噪声控制、传声途径中的控制、再接收点的噪声控制。噪声的治理方法有吸声降噪、隔声、减振和隔振、隔声罩、消声器、掩蔽效应。

简答题（5）：多孔材料具有大量内外连通的微小空隙和孔洞，可使一部分声能转化为热能而损耗，吸收多，反射少，吸声性能好，多孔材料一般对中高频声波具有良好的吸声，以超细玻璃棉为例，随着其厚度增加，中低频吸声系数显著增加，高频变化不大。厚度不变，增加密度，也可以提高中低频吸声。

简答题（6）：原理：抗性消声器不使用吸声材料，主是利用阻抗的不连续性来产生传输损失，利用声音的共振、反射、叠加、干涉原理达到消声目的，而扩张式消声器借助于管道截面的突然扩张和收缩，声波在传递过程中产生反射、叠加、干涉原理达到消声目的。

简答题（7）：因为噪声沿管道传播过程中遇到风道弯头，噪声在这个突变处发生反射、干涉等现象，空腔孔颈空气拴由于共振而激烈运动，消耗能量，腔内空气起弹簧作用，以达到消声作用，流体流经风道弯头时，流体的流速和流向均会发生变化，由于流体流向发生改变，流体必定与风道侧面发生碰撞消耗能量，因此流体经过风道弯头后流速会减少，气流噪声减小，故风道弯头起消声作用。风道产生漩涡，有噪声，加导流叶片可增加空气摩擦阻力。

简答题（8）：消声器的种类有：阻性消声器、抗性消声器、共振性消声器、复合消声器等。

阻性消声器原理：利用声波在多孔吸声材料传递过程中，将声能转化为热能从而达到消声的目的。

特点：对中高频消声效果好。

抗性消声器原理：利用声音的阻抗的不连续性，从而产生传输损失达到消声目的。

特点：适用于中低频噪声的控制。

共振性消声器原理：借助共振腔，利用声阻抗适配，使沿管道截面的噪声在突变处发生反射、干涉等现象，达到消声目的。

特点：适宜控制中低频噪声。

简答题（9）：1）降低声源噪声：改革工艺和操作方法来降低噪声；降低噪声源的激振力；降低噪声辐射部件对激振力的影响。

2）在传播途径上降低噪声：对强噪声源的位置合理地布置，改变噪声的传播方向和途径，或采用声学措施消声。

3）掩蔽噪声，利用掩蔽效应降低噪声，掩蔽作用效果取决于声音之间的相对强度和频率、结构，掩蔽声的声压级越大，掩蔽量就越大。低频声对高频声的掩蔽作用较大，而高频声对低频声的掩蔽作用则有限。

简答题（10）：多孔吸声材料的吸声原理是：声波传到空隙率很大的多孔材料时，大部分在筋络间的空隙间传播，而一小部分会沿筋络传播，如果忽略后者传播的部分，那么声波在空隙间的传播会导致空气的压缩和膨胀，从而使声能转变为热能，另一方面，空气在运动中由于与筋络之间的黏滞性而产生黏滞阻力，也使声能转化为热能，从而达到吸声的作用。而微孔不连通的多孔材料由于声波在孔隙内的传播距离较短，反射系数较大，导致吸收系数降低。

风道弯头是由于弯头反射了声波，使声波朝相反方向传播，而使声波产生了衰减。

简答题（11）：低频声、方向感不强的声音、无含义的声音、连续的声音均适宜作“背景声”。因为人耳对低频声音不敏感，适应性强；方向感不强、无含义的声音以及连续的声音不容易引起人们注意，所以都适合作“背景声”。

简答题（12）：吸声降噪的使用原则是：

1）吸声降噪只能降低混响声，不可能把房间内的噪声全吸掉，靠吸声降噪很难把噪声降低 10dB 以上。

2）吸声降噪在靠近声源、直达声占主导地位的条件下，发挥的作用很小。

3）室内原来的平均吸声系数很小的时候，做吸声降噪处理的效果明显，否则效果不好。

简答题（13）：人在装修的硬铺装表面材料的房间中听到的不只是直达声，还有各界面反射的混响声。

措施：在室内吊顶或墙体布置吸声材料；根据掩蔽效应应用背景音乐。

6. 计算题

计算题（1）：由于餐厅内装修均为硬铺装表面，不仅不具备吸收声波的功能，而且还具有很强的声音反射作用，因此各种声音到达表面后被表面反射回来，直达声和反射声混杂在一起，导致餐厅的噪声在声源噪声的基础上增加。

改进建议是在硬铺装内装修表面贴一些吸声的材料，或者在餐厅顶部挂一些吸声材料吸收反射回来的声波。

在进行了餐厅表面改进后，没有了声音的反射，因此电视的声音如果大于 50 人产生的声音分贝，人就能听见。

由公式 $Lp=10\lg(10^{0.1lp_1}+10^{0.1lp_2}+\cdots+10^{0.1lp_{50}})$ 计算得：

$$L = 10\lg(50\times10^{0.1lp_1}) = 47\text{dB}$$

因此电视声音至少为 47dB，才能使进餐的人听见。

计算题（2）：1）$(L_w)_1 = 5 + 10\lg2000 + 20\lg500 = 90\text{dB}$

$$(L_w)_2 = 5 + 10\lg1000 + 20\lg500 = 87\text{dB}$$

风机同时运行产生的总声功率级：

$$(L_w)_z = 10\lg(10^{0.1(L_w)_1} + 10^{0.1(L_w)_2}) = 10\lg(10^{0.1\times90} + 10^{0.1\times87}) = 91.7\text{dB}$$

2）由房间要求的噪声为 70dB 可得，需要去除的噪声为 21.7dB，若改变风机的转速来减小噪声，则由 $(L_w)_2=(L_w)_1+50\lg(n_2/n_1)$，$70=91.7+50\lg(n_2/n_1)$ 计算得 $n_2/n_1=0.368$，即可将风机叶轮转速降到原来的 36.8%，可使噪声满足要求。若改变风机叶片直径来减少噪声，则由 $(L_w)_{D_2}=(L_w)_{D_1}+20\lg(D_2/D_1)(\mathrm{dB})$，$70=91.7+20\lg(D_2/D_1)$ 计算得 $D_2/D_1=0.082$ 即可将风机叶片直径降到原来的 8.2%，可达到要求。

结果分析：由此也可以看出，要减少同样大小的噪声量，降低风机转速比减小风机叶轮直径效果要好得多。但是要减少 21.7dB，却需要将风机转速降到原来的 36.8%或者将叶片的直径减少到原来的 8.2%，随之而来的是风机风量的减少，满足了噪声却满足不了送风量，因此这些方法在工程上并不是最佳的方法。工程上采用在风机与风管的连接上采用软接头，风机底座采用减振基座来减少风机噪声的传播。

计算题（3）：由图 7-1 可知 125Hz 频带内圆锯工作噪声声压级为 72dB，道路交通噪声 80dB。

因为 $L_P=20\lg\dfrac{p}{p_0}$，所以 $p_1=10^{72/20}\times p_0$，$p_2=10^{80/20}\times p_0$。

叠加后的噪声声压：$p=\sqrt{p_1^2+p_2^2}=p_0\times\sqrt{10^{7.2}+10^8}$

叠加后的噪声声压级：$L_P=20\lg\dfrac{p}{p_0}=20\lg\sqrt{10^{7.2}+10^8}\approx 80\mathrm{dB}$

第八章　建筑光环境

扫码做题

一、大纲要求

（1）了解光环境基本度量及各参数使用对象和相互联系；
（2）理解室内一般天然采光的概念；
（3）了解人工光源和灯具的光学特性基础；
（4）理解人工光环境质量与评价。

二、主要考点、知识点及难点解析

1. 描述光环境的基本参数（见表 8-1）

表 8-1　描述光环境的参数

参数	光通量	发光强度	亮度	照度
描述对象	光源	光源	受照面	光源，受照面
定义	$\Phi = K_m \int \Phi_{e,\lambda} V(\lambda) \mathrm{d}\lambda$	$I = \frac{\mathrm{d}\Phi}{\mathrm{d}\Omega}$	$E = \frac{\mathrm{d}\Phi}{\mathrm{d}A}$	$L_\theta = \frac{\mathrm{d}I_\theta}{\mathrm{d}A\cos\theta}$
量纲	lm	1cd = lm/sr	$1\mathrm{lx} = \mathrm{lm/m^2}$	$1\mathrm{nt} = \mathrm{lm/(sr \cdot m^2)} = \mathrm{cd/m^2}$
适用场合	评估光源发光能力	反映灯具空间发光能力	评价光环境的主要参数	与人体视感觉密切的相关参数

2. 舒适光环境要素与评价标准

（1）适当的照度或亮度水平；
（2）合理的照度分布；
（3）舒适的亮度分布；
（4）宜人的光色；
（5）避免眩光干扰；

（6）光的方向性。

3. 不同用途建筑对采光口形式的要求与采光口选择

（1）对于不允许阳光直射的房间：如纺织车间常用锯齿形天窗为采光口，使射入室内阳光最少。

（2）对于有通风要求的房间：如展览馆建筑，主要以采光为主，通风次之，可选用高侧窗或平天窗；有大量余热或有害气体产生的车间，矩形天窗通风效果最好。对于有烟气污染的车间，由于通风带烟尘会污染玻璃而影响采光。应将通风口与采光口分开一定距离布置。

（3）保温隔热的房间：开窗面积大虽然节约了照明能耗，但却造成了几倍于照明能耗的采暖空调能耗，应注意各类建筑能耗之间的平衡，达到经济的开窗面积。

（4）爆炸危险的房间。可设置大面积泄爆窗，从窗的面积和构造处理上解决减压问题，但需注意眩光和过热。

4. 不同采光口形式的特征及其对室内光环境的影响

（1）侧窗：它是在房间的一侧或两侧墙上开的采光口，是最常见的一种采光形式。适用场合：用于进深不大的房间采光。如：教室、住宅、办公室。

（2）天窗：利用房屋屋顶设置的采光口称天窗，这种采光方式称天窗采光或顶部采光。

适用场合：大型工业厂房和大厅房间。

（3）天窗又可分为多种形式，如矩形天窗、锯齿形天窗、平天窗、横向天窗和井式天窗。

1）矩形天窗：采光效率低，眩光小，便于组织通风，适用于工业厂房。与侧窗联合形成在风压与热压作用下的联合自然通风。

2）锯齿形天窗：单面顶部采光，顶棚为倾斜面，利用顶棚的反射光，提高采光效率，阳光不直射，减小了室内温湿度的波动。适用于对温湿度要求稳定的车间，如纺织厂、卷烟厂。

3）平天窗：采光口位于水平面或接近水平，采光效率高，不宜兼做通风口。会有大量阳光直射入室内，引起室内过冷或过热。同时容易污染，影响透光性能。

5. 了解采光设计条件

（1）满足采光标准，保证所需采光系数。

采光系数：指室内某一点的天然光亮与同一时间内的室外无遮挡水平面上的天空扩散光照度的比值。

教室课桌面的采光系数最低不低于1.5%。为此，应尽量压缩窗间墙至1.0m或更小，抬高窗的高度，尽量采用断面小的窗框材料，使玻璃窗面积与地板面积比不小于1∶6。

（2）使照度均匀分布。双侧采光提高室内照度均匀度。

（3）对光线和阴影的要求。光线最好从左上方射来，防止手写字时挡住光，产生阴影。所以采光窗主要在左边。

（4）避免眩光。注意从两方面来考虑：朝向选择和遮阳设施的选择。

窗口容易产生眩光，设置窗帘防止直射光射入室内。

三、本章习题

1. 填空题

（1）基本的光度单位有______、______、______、______。

（2）光亮环境中，人眼看起来感觉最明亮的是__________，波长__________。

（3）较暗的环境中，人眼感觉最敏感的是________，波长________。

（4）舒适光环境应具备的四要素：____________、____________、____________、____________。

（5）孟塞尔表色系统是按颜色的三个基本属性：______、______和______对颜色进行分类标定的。

（6）人工光源按其发光机理，可分为________光源和________光源。

（7）晴天时，天然光由______与______两部分组成，在采光设计时，多采用__________作为制定标准的依据。

(8) 表示光源发光能力的参数是________，其单位是__________。
(9) 天然光与人工光比较，________的视觉效果较好。
(10) 同样的40W的普通白炽灯，带有灯罩和不带灯罩时在室内形成的光的空间分布不同，也就是说__________不同。

2. 选择题

(1) 低压钠灯、荧光高压汞灯等一类气体放电灯一般不用于室内照明，是因为（　　）。
A 发热量大，能耗高　　　　B 显色性差
C 单灯光通量太高，室内使用会造成眩光
D 会散发污染性气体

(2) 相同的照明条件下，被照面的光学性质对被照面的照度和亮度有何影响?（　　）
A 照度越高则亮度越高，与被照面的光学性质无关
B 反射率高，则照度高，吸收率高，则照度低
C 反射率高，则照度高，吸收率高，则亮度低
D 反射率高，则照度和亮度都高，吸收率高，则照度和亮度都低

(3) 高压钠灯灯光的光效很高，为什么没有用来作为室内光源?（　　）
A 因为光通量太高，室内使用会造成眩光
B 因为发热量太高，且寿命短，价格昂贵
C 因为在555nm波长附近的辐射功率很高，显色性差
D 因为产品技术还不成熟，所以还未能推广到应用中

(4) 天然采光能够节省人工照明的用电，在达到同样光环境水平条件下（　　）。
A 能够减少冷负荷，因为去掉了人工光源的发热量
B 会增加冷负荷，因为太阳辐射得热比人工光源的发热量大
C 冷负荷没有显著变化，因为太阳辐射得热抵消了减少了的人工光源发热
D 能够减少冷负荷，因为天然光的光效比普通室内人工光源高

(5) 利用反射镜或者反射板来把太阳光引导到室内进行自然采光，直接把太阳光反射到室内的什么地方效果最好（　　）。

A 反射到垂直墙面上　　B 反射到天花板上

C 反射到需要照明的工作面上　D 反射到地面上

(6) 办公室 A 的平均照度是 500lux，办公室 B 的平均照度是 300lux 我国普遍办公室的照明标准是 300lux。这两个办公室的光环境水平哪个更好？（　　）

A 两个办公室都达到了照明标准，因此光环境水平没有区别

B 办公室 A 的光环境更好，因为照度比较高

C 照度过高或过低都不好，因此办公室 B 的光环境更好

D 不能判定哪个更好，需要看照度均匀度的水平

(7) 与白色荧光灯相比（　　）。

A 蜡烛的色温比较高，人感到舒适的照度比较低

B 蜡烛的色温比较低，人感到舒适的照度比较低

C 蜡烛的色温比较低，人感到舒适的照度比较高

D 蜡烛的色温比较高，人感到舒适的照度比较高

(8) 人凭借视觉器官感知物体的细节和形状的敏锐程度，称为（　　）。

A 视角　　B 视觉敏锐度

C 视觉适应　　D 明适应

(9) 自然光与人工光源的区别在于（　　）。

A 以下三者　　B 光谱只有一个峰值

C 全光光谱　　D 光谱连续

3. 判断题

(1) 几个光源同时照射到被照面时，其上的照度为单个光源分别存在时形成的照度的代数和；而几个不同声源同时作用时，它们在某处形成的总声强同样是各个声强的代数和。（　　）

(2) 一裸露的白炽灯，加上一灯罩后，光通量不变，发光强度改变。（　　）

(3) 光源在某一方向的发光强度与光源在这方向上单位立体角发出

的光通量有关，同时某一立体角的发光强度与距离光源的长度有关。（ ）

4. 名词解释

（1）眩光；
（2）采光系数；
（3）照度；
（4）亮度；
（5）光通量；
（6）局部照明。

5. 简答题

（1）说明光通量和发光强度的含义，并说明它们之间存在的相互关系。
（2）人工照明和天然采光在舒适性和建筑能耗方面有何差异？
（3）光通量与发光强度、亮度与照度的关系与区别是什么？
（4）请问以下说法是否正确，为什么？“常温下呈现红色的物体说明该物体在常温下红色光的单色发射率较其他色光（绿、蓝、黄等）的单色发射率高”（没有内热源）。
（5）在天然采光设计中主要考虑的是太阳直射光、扩散光还是总辐射照度，为什么？直射光和扩散光有何区别？
（6）为什么要用人工照明，人工照明要满足哪些需要？
（7）试分析在照明设计中要达到节能的目的需要考虑的因素。

6. 思考题

（1）看电视时，房间完全黑暗好还是有一定亮度好，为什么？
（2）举例说明对不同用途的建筑如何选择其采光口？
（3）从舒适光环境的评价标准出发，综合考虑室内装修、采光口、窗间墙等因素来设计一个教室的光环境。
（4）建筑结构设计中，如何综合建筑节能和采光的要求考虑窗户的经济面积设计？

四、参考答案

1. 填空题

（1）光通量；照度；发光强度；亮度。
（2）黄绿光；555nm。
（3）蓝绿光；510nm。
（4）适当的照度水平；舒适的亮度比；适宜的色温与显色性；避免眩光干扰。
（5）色调；明度；彩度。
（6）热辐射；气体放电。
（7）直射光；扩散光；采光系数。
（8）光通量；lm（流明）。
（9）天然光。
（10）发光强度。

2. 选择题

（1）～（5）：B D C A B；（6）～（9）：D B B A

3. 判断题

（1）～（3）：√ √ ×

4. 名词解释

（1）眩光：当直接或通过反射看到灯具、窗户等亮度极高的光源，或者在视野中出现强烈的亮度对比时（先后对比或同时对比），就会感受到眩光。眩光可以损害视觉，也可造成视觉上的不适感。
（2）采光系数：全阴天条件下，室内测量点直接或间接接受天空扩散光所形成的水平照度 E_n 与室外同一时间不受遮挡的该天空半球的扩散光在水平面上产生的照度 E_w 的比值。
（3）照度：受照平面上接受的光通量的面密度。

（4）亮度：发光体在某一方向上单位面积的发光强度。

（5）光通量：辐射体单位时间内以电磁辐射的形式向外辐射的能量称辐射功率或辐射通量（W）。光源的辐射通量中被人眼感觉的可见光能量（波长380~780nm）按照国际约定的人眼视觉特性评价换算为光通量（lm）。

（6）局部照明：为了实现某一指定点的高照度要求，在较小范围或有限空间内，采用距离作业对象近的灯具来满足该点照明要求的照明方式。

5. 简答题

简答题（1）：辐射体单位时间内以电磁辐射的形式向外辐射的能量称辐射功率或辐射通量（W）。

光源的辐射通量中被人眼感觉的可见光能量（波长380~780nm）按照国际约定的人眼视觉特性评价换算为光通量（lm）。

发光强度表示光源发出的光通量在空间各方向或选定方向上的分布密度。光源在某一方向的发光强度定义为光源在这方向上单位立体角内发射的光通量（cd）。

光通量相同，发光强度却可能不同。

简答题（2）：人工照明需要消耗大量常规能源间接造成环境污染，不利于生态环境的可持续发展，长期在人工照明中会引起视觉疲劳，也会使心里产生不舒适感，天然采光是对太阳能的直接利用，将适当的昼光引进室内照明，可有效降低建筑照明能耗，太阳的全光谱辐射是人们在心理和生理上长期感到舒适满意的关键因素。

简答题（3）：光通量是光源的辐射通量中可被人眼感觉的可见光能量按照国际约定的人眼视觉特性评估的照度是受照平面上接受的光通量的面密度，符号为 E。

发光强度是光源在某一给定方向上单位立体角内发射的光通量，符号为 I。

亮度是发光体在某一方向上单位面积的发光强度，以符号 L_a 表示。

发光强度与照度的关系：如果点光源，发光强度为 I，光源与被

照面的距离为 T，被照面的法线与光线的夹角为 α，则被照面的照度为 $E=I\cos\alpha/r^2$

亮度与照度的关系：如果面光源的亮度为 L，面积为 A 与被照面形成的立体角为 W，光源与被照面的距离为 Y 被照面的法线的夹角为 α，光源的光线与光线夹角为 θ，则被照面的照度 E 为：$E=LW\cos\alpha=L(A\cos\alpha\cos\theta)/r^2$。

简答题（4）：上述表述不对，因为常温下物体呈现红色是对红色光的反射率较高，反射率较高的物体吸收率就较低，那么其单色发射率也会较低。

简答题（5）：在天然采光设计中主要考虑的是天空扩散光。因为直射光强度极高，而且逐时有很大变化。为防止眩光或避免房间过热，工作房间常需要遮蔽直射光，所以在采光计算中一般不考虑直射光的作用。直射光是日光通过大气层入射到地面，具有一定的方向性，会在被照射物体背后形成明显的阴影，随着太阳高度角增大而增大。扩散光是日光在通过大气层时遇到大气中的尘埃和水蒸气产生多次反射，形成天空散射光。

简答题（6）：天然光的应用受到时间和地点的限制，建筑物内不仅在夜间必须采用人工照明，在某些场合，白天也需要人工照明。人工照明的目的是按照人的生理、心理和社会的需求，创造一个人为的光环境。人工照明主要可分为工作照明（或功能性照明）和装饰照明（或艺术性照明）。前者主要着眼于满足人们生理上、生活上和工作上的实际需要，具有实用性的目的；后者主要满足人们心理、精神上和社会上的观赏需要，具有艺术性的目的。

简答题（7）：在照明设计中要达到节能的目的需要考虑的因素如下：

1）在照明设计中把人工照明和天然采光优化结合，充分利用天然采光，如设计反光板或反光镜，把太阳的直射光通过反光装置反射入室内天棚，通过天棚材料的散射得到较均匀的一般照明，这样就可充分用通过有限的采光口的昼光，同时避免眩光，保证照度均匀度。此外还可采用可调角度或间距的百叶窗帘，根据太阳高度角的不同，最大限度地采光，又避免太阳直射光。

2）适当的照度水平。不同工作性质的场所对照度值的要求不同，不是照度越高越好，照度过大易引起视觉疲劳和眼睛灵敏度下降，并且使耗能增加。

3）合适的照度分布和照明方式。应根据实际的工作、工作场地特点，采用合适的照明方式，如工作区的照度要求较高，而非工作区的低些，就可采用混合照明方式，避免一般照明中所有的范围均设计为高照度，造成不必要的电耗浪费。

4）选用合适的光源。在保证所要求的显色性和色温形成的物理要求和心理要求的前提下，尽量选用光效高的光源。

5）灯具的安装和空调系统结合在一起。如把灯具装在室内空调的排风口上，使灯具散发的热量在进入室内前已随排风排出，减少了空调的能耗。

参考文献

［1］刘加平．城市环境物理［M］．西安：西安交通大学出版社，1993.
［2］彦启森．建筑热过程［M］．北京：建筑工业出版社，1986.
［3］赵荣义，范存养，薛殿华．空气调节［M］．北京：建筑工业出版社，1994.
［4］朱颖心．建筑环境学［M］．北京：建筑工业出版社，2012.
［5］朱天乐．室内空气污染控制［M］．北京：化学工业出版社，2003.
［6］许钟麟．空气洁净技术原理［M］．北京：科学出版社，2003.
［7］华南理工大学．建筑物理［M］．广州：华南理工大学出版社，2002.
［8］詹庆旋．建筑光环境［M］．北京：清华大学出版社，1988.
［9］秦佑国，王炳麟．建筑声环境［M］．北京：清华大学出版社，1999.
［10］杨世铭，陶文铨．传热学［M］．北京：高等教育出版社，1991.
［11］丁玉兰．人机工程学［M］．北京：北京理工大学出版社，2004.
［12］徐东群．居住环境空气污染与健康［M］．北京：化学工业出版社，2005.

冶金工业出版社部分图书推荐